TRANSFORMISME

ET

DARWINISME,

RÉFUTATION MÉTHODIQUE,

PAR

M. LAVAUD DE LESTRADE,

PRÊTRE DE SAINT-SULPICE,
PROFESSEUR DE SCIENCES AU GRAND SÉMINAIRE DE CLERMONT-FERRAND.

PARIS,

RENÉ HATON, LIBRAIRE-ÉDITEUR,

35, RUE BONAPARTE, **35**.

—

1885.

TRANSFORMISME

ET

DARWINISME.

TRANSFORMISME

ET

DARWINISME,

RÉFUTATION MÉTHODIQUE,

PAR

M. LAVAUD DE LESTRADE,

PRÊTRE DE SAINT-SULPICE,

PROFESSEUR DE SCIENCES AU GRAND SÉMINAIRE DE CLERMONT-FERRAND.

PARIS,

RENÉ HATON, LIBRAIRE-ÉDITEUR,

35, RUE BONAPARTE, 35.

1885.

Tous droits réservés.

LETTRE

DE

MONSEIGNEUR L'ÉVÊQUE DE CLERMONT

A M. LAVAUD DE LESTRADE,

Prêtre de Saint-Sulpice,
Professeur des cours de sciences au grand séminaire de Montferrand.

Clermont, le 5 mars 1885.

Honoré et très cher Monsieur,

Le savant cardinal Pitra écrivait naguère
au nouveau directeur du *Cosmos* : « Puis-
« que le mot d'ordre de la science est de tuer
« la foi dans les âmes et de chasser Dieu
« du ciel, c'est à nous de reprendre ce mot
« d'ordre... Il faut que le clergé qui, par la
« théologie, a la clef de toutes les sciences,
« n'en néglige aucune; et il importe ensuite
« que nous ayons, nous aussi, nos spécialis-
« tes qui, comprenant les savants, nous les
« fassent connaître, et, au besoin, soient en
« mesure de leur tenir tête et de les con-
« trôler. »

α

Or, très cher Monsieur, vous êtes, par vocation, l'un de ces spécialistes. Depuis le jour où, pour la première fois, la sainte obéissance vous appela à enseigner les sciences aux élèves du Sanctuaire, vous n'avez cessé d'appliquer à l'accomplissement de cette mission, dont vous prévoyiez l'importance, les facultés exceptionnelles que la divine Providence vous a départies. Par respect pour la vertu d'humilité, si particulièrement chère à un fils de M. Olier, je m'abstiens de qualifier ici votre enseignement et vos travaux. Ils sont connus d'ailleurs de tous les prêtres de ce diocèse, qui, depuis vingt-cinq ans, ont été vos élèves; et les rares étrangers qui ont pu être admis à visiter vos collections, à examiner les procédés, les instruments inventés ou perfectionnés par vous, à entendre ou à recevoir vos communications, ont appris à connaître aussi le savant modeste dont les études, comme la vie, se cachent dans la solitude et le silence d'un séminaire.

J'aurais voulu, très cher Monsieur, pouvoir respecter également vos préférences si louables, et ne point vous inviter à produire votre enseignement en dehors de votre salle de cours. Mais en présence du grand mouvement scientifique contemporain, dont nous sommes d'ailleurs et plus que personne les admirateurs, il nous a semblé qu'il était utile de faire appel à votre compétence spéciale pour « nous faire connaître les savants », au moins sur quelques points particuliers, « et, au besoin, pour les contrôler. »

En présence surtout des conclusions hâtives que la science moderne s'efforce de tirer de ses découvertes et de ses expériences quotidiennes, pour en faire la trame d'une théorie scientifique destinée « à tuer la foi et à chasser Dieu », je vous ai exprimé le désir que vous voulussiez bien livrer aussi au public quelques-unes des conclusions auxquelles vous ont conduit vos études et vos patientes recherches. Je fixai notamment votre attention sur la grave question du *Transformisme* qui semble vouloir être une

doctrine avant d'être une science définitive ;
et je vous demandai de faire un livre qui
fît connaître à tous les esprits sérieux, —
non par des affirmations *a priori*, mais par
l'exposition et la discussion des faits scientifiques, — l'état réel de la science sur ce
point, et partant la valeur des conséquences
doctrinales à l'aide desquelles on pense
remplacer la puissance intelligente du Créateur par l'énergie des forces inconscientes
de la Nature.

Vous avez obéi à ce désir de vos Supérieurs et vous l'avez réalisé au delà de leur
espérance.

J'achève la lecture des *épreuves* de votre
ouvrage, intitulé : TRANSFORMISME et DAR-
WINISME, et je m'empresse de vous en remer-
cier de toute mon âme. Je vous remercie,
parce que j'ai l'intime et douce persuasion
que ceux qui se préoccupent de ces questions, — ils sont nombreux, — et qui vous
liront avec l'unique et sincère volonté de
chercher la vérité au milieu des erreurs déjà
accumulées, réussiront à la découvrir et à

asseoir sur elle leur conviction. Ceux-là mêmes qui sont le moins familiarisés avec les données et les formules de la science, ne feront pas non plus, sans un réel profit, la lecture de ce livre dans lequel une exposition méthodique, simple et claire, met toutes choses à la portée de chacun. Il n'y a que ceux qui savent, qui réussissent à parler un langage que tous comprennent.

Je vous ai une très particulière reconnaissance, cher Monsieur, d'avoir consacré un chapitre de votre ouvrage au *Transformisme spiritualiste*. Les partisans de cette doctrine n'excluent pas Dieu du monde, comme les transformistes matérialistes ; plusieurs parmi eux, savants éminents, non seulement croient en Dieu, mais professent la foi chrétienne ; c'est pourquoi ils s'efforcent de faire dépendre cette transformation des êtres de l'action de Dieu la dirigeant par son intelligence et la « déterminant par sa puissance » ; mais ils admettent le principe de l'évolution. Là est le péril. Or, en examinant cette doctrine, comme vous le faites, à la triple lumière de la raison, de la foi et des faits, vous mettez ce péril en une telle évidence qu'il semble ne pouvoir échapper à l'attention des savants de bonne foi.

Mais, en consentant ainsi à écrire pour le public, vous n'avez pu oublier les Élèves dont vous êtes le Maître. Vous publiez en même temps, pour eux, une *Réfutation abrégée et méthodique du Transformisme et du Darwinisme*. — C'est un manuel pour un enseignement devenu nécessaire. — En effet, ainsi que vous le dites si bien vous-même, s'il importe au Clergé de connaître les anciennes hérésies, il lui importe bien davantage de connaître cette grande hérésie contemporaine et les arguments par lesquels tout Prêtre, au lendemain de son Sacerdoce, peut être appelé à la réfuter. Mais « parce « que les arguments pour combattre cette « erreur sont peu connus et demandent des « recherches et des études que tous ne peu- « vent entreprendre seuls, » vous avez fait pour les élèves du Sanctuaire ces recherches

et ces études; vous leur en offrez le magni
fique résultat; et ils sauront à leur tour en
faire leur profit.

Le souverain pontife Léon XIII vient de
créer, au collège de la Propagande, un ca-
binet de physique et de chimie que sa mu-
nificence a muni de tous les appareils nécessaires et pourvu de telle façon, sous tous
les rapports, qu'il peut rivaliser avec les
laboratoires les mieux organisés.

Cet acte révèle la grande place que les
sciences naturelles occupent dans les préoc-
cupations du Pape, et comment, avec les
études philosophiques et théologiques, elles
participent au mouvement qu'Il imprime à
tout ce qui peut et doit servir la cause de
l'Église et de la civilisation. — Déjà, en ce
qui regarde les études théologiques, vos
chers Confrères du séminaire de Montferrand
ont suivi l'impulsion et réalisé les désirs du
Pontife Suprême. Un *Cursus theologiæ ad
mentem divi Thomæ...* a été composé, publié et est enseigné dans un grand nombre

de séminaires. Léon XIII a connu la première pensée de ce travail; Il en a suivi
l'exécution, et Il daigne, à cette heure, en
examiner le texte complet. — En ce qui
concerne les sciences, nous aurons fait également le possible pour le service de la vérité et des âmes; et si, de ce chef, le cœur
de Léon XIII éprouve quelque nouvelle
consolation, c'est à vous, cher Monsieur,
qu'elle sera due.

Recevez donc, honoré et très cher Monsieur, avec l'expression de ma reconnaissance
la plus vive, celle de mon tendre attache-
ment en N.-S.

† J. Pierre, *évêque de Clermont.*

TRANSFORMISME

ET

DARWINISME.

CHAPITRE PRÉLIMINAIRE.

DÉFINITION DU TRANSFORMISME. — DANGER DE
CETTE DOCTRINE. — DEVOIR DU CLERGÉ EN
PRÉSENCE DE LA VULGARISATION DE CETTE
ERREUR. — APERÇU HISTORIQUE.

1. On désigne sous le nom général de *transformisme* une doctrine qui prétend que tous les
êtres organisés, végétaux et animaux, n'ont point
été créés tels qu'ils sont actuellement, mais dérivent du règne minéral et sont devenus ce que
nous les voyons par les seules forces de la nature.
De la substance minérale se seraient spontanément
formés des êtres d'une organisation tout à fait rudimentaire, de simples cellules vivantes ; celles-ci,
avec le temps, auraient acquis quelques organes
spéciaux et auraient transmis ce perfectionne-

ment, par voie de génération, à de nouveaux êtres ; ceux-ci se perfectionnant à leur tour auraient donné naissance à d'autres êtres, et ainsi, par un progrès non interrompu, chaque espèce produisant une espèce plus parfaite, se serait formé tout ce qui a vie sur la terre, y compris l'homme lui-même.

2. Cette doctrine que l'on pourrait appeler l'hérésie contemporaine, si ce n'était qu'une hérésie, ne tend à rien moins qu'à saper par la base toute religion. Entendue en effet comme l'entendent la plupart de ses partisans, elle s'efforce de démontrer qu'il n'est pas nécessaire d'admettre l'existence d'un Dieu créateur et ordonnateur pour expliquer l'origine des êtres vivants ; elle prétend que les êtres même, dont l'organisation est la plus compliquée et la plus merveilleuse, ont pu acquérir ce degré de perfection par les seules forces de la nature et sans l'intervention d'une puissance intelligente ; elle espère ainsi réduire à néant la preuve la plus frappante de l'existence de Dieu, celle qui fait le plus d'impression sur le commun des hommes, et par là les entraîner dans l'abîme du matérialisme.

3. S'il importe au clergé de connaître les anciennes hérésies, il lui importe bien davantage
de connaître l'erreur du transformisme et les
arguments par lesquels on peut la réfuter. Il
n'est aucun ecclésiastique qui ne puisse se trouver
en face de personnes imbues de cette doctrine,
et dans la nécessité de la combattre. Ce serait
se méprendre étrangement que de croire cette
erreur enseignée seulement dans quelques cours
peu suivis et acceptée par un petit nombre
d'adeptes ; elle tend à se vulgariser de plus en
plus ; elle est portée de tous côtés par la mauvaise presse ; on trouve les livres qui la propagent
entre les mains de la classe ouvrière, et on cherche
à l'insinuer jusque dans les écoles. Les arguments que l'on fait valoir en sa faveur, sont à la
portée du plus grand nombre, et la plupart
peuvent se laisser séduire d'autant plus facilement que les arguments opposés sont peu connus et demandent des recherches et des études
que tous n'ont pas le loisir ou la volonté d'entreprendre.

Cet ouvrage a été composé principalement dans
le but de fournir aux défenseurs naturels de la
religion des armes pour combattre cette erreur
pernicieuse. Il ne s'adresse pas toutefois exclusivement à eux. Ceux qui veulent affermir leur foi

et se mettre en garde contre l'erreur, ceux qui ont le louable dessein de contribuer à la défense de la vérité, aujourd'hui attaquée avec tant de violence et d'astuce, pourront, nous l'espérons du moins, tirer quelque profit de la lecture de ce livre.

4. Le transformisme n'est pas une doctrine entièrement nouvelle, on peut déjà en voir le germe dans les théories de Démocrite et d'Épicure; mais c'est Lamarck, naturaliste né au milieu du siècle dernier et mort en 1829, qui paraît avoir le premier formulé d'une manière nette la doctrine de la transmutation lente des espèces, bien qu'il ne fût ni matérialiste ni athée (1). Bory de Saint-Vincent, autre naturaliste, mort en 1846, développa les idées de Lamarck et a été en France le précurseur des darwinistes.

Cette doctrine, bien qu'accueillie avec faveur par les matérialistes, n'avait pas eu un grand retentissement jusqu'à l'époque où Darwin, naturaliste anglais, fit paraître son livre sur *l'Origine des espèces* (1859). Ce livre, dans lequel

(1) Voir plus loin, n° 59.

Darwin professe ouvertement la théorie de la transmutation lente et graduelle des espèces et essaie d'appuyer cette doctrine sur de prétendus principes et de nombreuses observations, a été chaudement applaudi par le parti matérialiste et athée, qui a cru y trouver une arme solide pour battre en brèche les croyances religieuses et pour reléguer Dieu dans le domaine des hypothèses. Le système de Darwin n'a pas tardé à faire école et à acquérir de nombreux et de bruyants partisans (1), qui ont même poussé les conséquences de sa doctrine plus loin qu'il n'avait d'abord paru le faire, en donnant pour premier terme à la série des transformations la génération spontanée et pour dernier terme l'homme lui-même. Darwin, en effet, dans son livre sur *l'Origine des espèces*, ne professe pas explicitement l'origine bestiale de l'homme ; mais dans un ouvrage plus récent *l'Origine de l'homme* (Londres 1871), enhardi sans doute par le succès du premier, il professe ouvertement que l'homme est dérivé de la bête par voie de transformation lente (2).

(1) Dans un ouvrage qui a paru en Allemagne, il y a déjà une dizaine d'années, la simple énumération des publications relatives à la théorie de Darwin occupe plus de 29 pages in-8.

(2) Outre les ouvrages dans lesquels Darwin soutient la doctrine du transformisme, il a publié de nombreux travaux sur

Ce qui a fait la vogue des livres de Darwin, ce sont les observations nombreuses et les prétendus principes sur lesquels il essaie d'étayer sa doctrine. Parmi ces principes il en est deux surtout, *la concurrence vitale* ou *lutte pour l'existence* et *la sélection naturelle,* qui, joints aux exemples nombreux de variations obtenues artificiellement parmi les animaux ou les plantes, offrent quelque chose d'assez spécieux pour séduire des esprits peu attentifs, ou empressés d'adopter une doctrine, dès qu'elle semble propre à leur permettre d'écarter Dieu du monde.

Le premier de ces principes consiste en ce que le défaut de place sur la terre et le manque d'aliments nécessaires à la vie amènent fatalement, soit la destruction d'une grande quantité de germes, soit la mort prématurée d'un très grand nombre d'êtres. Dans *cette lutte pour la vie,* ce sont les plus forts ou les mieux doués qui restent vainqueurs. Ils transmettent à leurs descendants, ou du moins à quelques-uns d'entre eux, les qualités qui leur ont assuré la survivance. Parmi ceux-ci une nouvelle lutte s'établit, qui élimine encore les plus faibles et les moins bien partagés

l'histoire naturelle, qui lui ont fait une réputation comme naturaliste et qui ont pu contribuer à accréditer son système.

et donne la victoire à ceux qui se trouvent avoir sur les autres quelque nouvel avantage. C'est ainsi que, de génération en génération, s'opère une *sélection naturelle* et un progrès continu, à l'aide desquels les espèces les plus infimes des règnes organiques s'élèvent graduellement aux espèces douées des organes les plus parfaits.

Nous exposerons avec plus de détails et nous discuterons plus loin ces principes de Darwin, mais il nous importe de remarquer dès maintenant deux choses : 1° Ils exigent nécessairement une transformation *graduelle* et *très lente* qui suppose entre deux espèces bien tranchées, dont l'une tirerait son origine de l'autre, *une série non interrompue d'intermédiaires,* ne différant les uns des autres que par des nuances à peine sensibles. — 2° La cause qui détermine ces transformations d'une espèce moins parfaite en une espèce plus parfaite, est une cause inintelligente et fatale, pour ceux qui, avec Darwin, éliminent entièrement l'action de la Providence.

5. Pour faire l'histoire complète du transformisme, il faudrait parler de ses principaux adeptes et exposer la doctrine de chacun, car ils ne sont pas tous d'accord et se combattent les uns les

autres. Nous les mettrons en présence plus tard ; pour le moment bornons-nous à dire deux mots des plus connus.

En Angleterre on peut citer :

Le célèbre géologue Lyell qui, d'abord opposé au transformisme, paraît s'y être rallié dans son ouvrage, *l'Ancienneté de l'homme*. Il semble toutefois ne pas accepter entièrement la doctrine des darwinistes athées et se rapprocher des transformistes spiritualistes dont nous parlerons plus loin.

Huxley, anatomiste, partisan avoué du transformisme, qui après avoir attribué à la sélection naturelle une importance capitale, ne lui reconnaît plus tard qu'une influence subordonnée, et qui néanmoins a contribué d'une manière très efficace au progrès du darwinisme.

En Allemagne le transformisme a de nombreux adeptes. Les plus connus sont : Buchner et Hœckel, ce dernier professeur de zoologie à l'université d'Iéna, le disciple le plus fougueux de Darwin.

Carl Vogt, Allemand réfugié en Suisse, professeur d'histoire naturelle à Genève, qui, après avoir enseigné l'immutabilité des espèces, a embrassé avec ardeur les théories de Darwin, uniquement, ce semble, parce qu'il a cru pouvoir avec elles se passer de Dieu.

En France, M. G. Pouchet, professeur à la faculté des sciences de Rouen, qui a soutenu contre M. Pasteur la génération spontanée et qui adopte aussi les idées de Darwin sur le transformisme (1).

M. E. Perrier, professeur au Muséum d'histoire naturelle de Paris qui, tout en semblant dire le oui et le non, admet tous les dogmes du darwinisme, y comprise la descendance simienne de l'homme (2).

En général, tous les adeptes de l'école préhistorique, qui acceptent plus ou moins explicitement cette doctrine : MM. Broca, De Mortillet, Hovelacque, etc.

Ce qui fait le plus grand danger de cette doctrine, ce n'est pas tant l'autorité de ceux qui prétendent l'enseigner au nom de la science que le

______

(1) *Revue des deux mondes*, février 1870, p. 693, 694.

(2) R. P. Haté, *l'Homme et le singe*, p. 27.

1.

nombre de ceux qui la progagent par toutes les voies de la publicité. On peut dire que toute la mauvaise presse en est imprégnée, qu'elle la répand dans tous les rangs de la société et s'en sert comme d'un point d'appui pour ébranler et détruire toute croyance religieuse.

Il n'importe pas moins de signaler la tendance des programmes universitaires où l'on trouve des questions telles que celles-ci : « *L'individu : problème de l'espèce... Rapports de l'organisme et de son milieu. Exemples d'adaptations... Variabilité des formes animales : hérédité, sélection naturelle.* » Sans doute, poser ces questions ce n'est pas les résoudre dans un mauvais sens, mais, étant connu l'esprit que l'on s'efforce actuellement d'inspirer à l'enseignement dit laïque, on peut légitimement craindre qu'on ne prenne de là occasion de substituer dans l'âme des jeunes gens, aux enseignements de la foi, les doctrines matérialistes et athées.

6. A côté de ces transformistes qui veulent écarter complètement l'action de Dieu dans l'univers, il faut placer une autre classe d'évolutionistes qu'on peut appeler, par opposition aux

premiers, transformistes spiritualistes. Ceux-ci
font bien dériver les espèces les unes des autres
comme les précédents; mais ils admettent que
cette évolution est dirigée par la Providence, ou
se fait en vertu de lois naturelles établies par
Dieu. Ils font aussi généralement des réserves
quant à la descendance de l'homme. Parmi ces
transformistes, il en est qui ont adopté cette doctrine, parce qu'ils ont été séduits par les théories
de Darwin et n'ont pas cru pouvoir défendre
autrement l'orthodoxie contre son système. D'autres lui donnent leur préférence, parce que, voyant
les êtres former comme une échelle graduée qui
s'étend des moins parfaits aux plus parfaits, ou
remarquant des rapprochements de formes entre
quelques-uns d'entre eux, ils ont cru trouver l'explication scientifique de ces faits dans la théorie
évolutioniste.

Nous verrons plus loin ce qu'il faut penser de
cette doctrine. Bornons-nous ici à citer les plus
connus de ses partisans. Ce sont :

M. Wallace, naturaliste anglais, qui a publié
son système presque en même temps que Darwin.
Il regarde le principe fondamental du darwinisme,
la sélection naturelle, comme insuffisant pour
expliquer le passage des animaux à l'homme, et
il fait intervenir pour cela des intelligences su-

périeures, intermédiaires entre Dieu et l'humanité (1).

M. Saint-Georges-Mivart, autre naturaliste anglais, rejette aussi les principes des darwinistes et invoque pour appuyer le transformisme des lois encore inconnues. Il essaie de concilier avec l'orthodoxie cette doctrine qu'il étend même jusqu'à l'homme, en le faisant dériver de l'animalité (2).

Von Baer, né en Esthonie, d'abord professeur à Kœnigsberg et depuis à St-Pétersbourg. Ce célèbre naturaliste, qui se montre très opposé au matérialisme et au darwinisme, penche comme le précédent pour une sorte de transformisme par modification rapide.

M. le comte de Saporta, célèbre par ses études sur les plantes fossiles des terrains tertiaires.

M. Gaudry, professeur de paléontologie au Muséum d'histoire naturelle de Paris, connu par la découverte de nombreux fossiles à Pikermi en Grèce et par l'étude qu'il en a faite. Il a mis au jour, il y a quelques années, un livre intitulé : *Les enchaînements du monde animal dans les temps géologiques,* dans lequel il essaie de montrer que les espèces dérivent les unes des autres.

(1) Lecomte, *le Darwinisme et l'origine de l'homme,* 1873, p. 2.
(2) *Ibid.,* p. 105 et 356.

Nous nous proposons de combattre le transformisme sous toutes ses formes, et, pour y procéder avec ordre, nous allons d'abord montrer dans une première partie que le transformisme en général n'est pas acceptable, et dans une seconde nous réfuterons les différentes branches du transformisme.

Nous nous proposons de combattre le transformisme sous toutes ses formes, et, pour y pro-

PREMIÈRE PARTIE.

RÉFUTATION DU TRANSFORMISME EN GÉNÉRAL.

7. La doctrine qui enseigne que les espèces, soit végétales, soit animales, peuvent passer de l'une à l'autre par voie de transformation lente, envisagée uniquement au point de vue scientifique et indépendamment de ses conséquences, est une doctrine fausse et inacceptable, parce qu'elle contredit : 1° l'expérience et les faits contemporains ; 2° l'histoire ; 3° la paléontologie ; 4° le bon sens ; 5° l'enseignement des naturalistes les plus en renom dans la science.

CHAPITRE I.

LE TRANSFORMISME EST CONTRAIRE A L'EXPÉRIENCE ET AUX FAITS CONTEMPORAINS.

ARTICLE I.

FIXITÉ DE L'ESPÈCE.

8. C'est un fait qui se passe sous nos yeux et qu'il est facile de constater, *l'espèce est fixe et ne change pas.*

Pour mettre cette vérité dans tout son jour il est nécessaire d'abord d'avoir une notion précise de ce qu'on entend par *espèce,* par *race* et par *variété.*

L'*espèce,* d'après M. de Quatrefages, est l'ensemble des individus plus ou moins semblables entre eux, qui peuvent être regardés comme descendants d'une paire primitive unique, par une succession ininterrompue et naturelle de familles (1).

(1) *L'Espèce humaine,* 3ᵉ édit. Paris, 1877, p. 26. — Voici la définition que donnent de *l'espèce* les naturalistes les plus renommés par leur science. On pourra remarquer que l'idée qui domine dans

On entend par *variété* un individu ou un ensemble d'individus, appartenant à la même géné-

toutes, c'est *la similitude de formes se perpétuant par la génération.*

Species tot sunt, quot diversas formas ab initio produxit infini-
tum Ens; quæ formæ, *secundum generationis inditas leges, pro-
duxere plures, at sibi semper similes. — Linnæi philosophia bota-
nica,* 2ᵉ éd. § 157.

In unam *speciem* colligenda sunt vegetantia seu individua omnibus suis partibus simillima et *continuata generationum serie
semper conformia,* ita ut quodlibet individuum sit vera totius spe-
ciei præteritæ et præsentis et futuræ effigies. — Laurent de Jussieu, *Genera plantarum,* introduction p. XXXVII.

L'espèce est la collection de tous les individus qui se ressemblent
plus entre eux qu'ils ne ressemblent à d'autres; qui peuvent par
une fécondation réciproque, *produire des individus fertiles et qui
se reproduisent par la génération,* de telle sorte qu'on peut, par
analogie, les supposer tous sortis originairement d'un seul individu. — De Candolle, *Théorie élémentaire de la botanique,*
2ᵉ éd. Paris, 1819, p. 193.

L'espèce est la réunion des individus *descendus l'un de l'autre ou
de parents communs* et de ceux qui leur ressemblent autant qu'ils
se ressemblent entre eux. — Cuvier, *Règne animal,* 2ᵉ édit. Paris,
1829, t. Iᵉʳ, p. 16.

L'espèce est un *type d'organisation,* de forme et d'activité plus
ou moins déterminé qui *se perpétue* dans le temps et dans l'espace
par génération. — De Blainville, *Revue des cours publics,* 1856,
p. 25.

L'espèce est une forme de vie, représentée par des individus, qui
reparaît dans les produits de la génération, *avec certains caractères inaliénables,* et qui *se reproduit constamment par la procréa-
tion d'individus similaires.* — Muller, *Manuel de physiologie,,* trad.
franç., Paris, 1851, t. II, p. 785.

Ces diverses citations sont extraites de l'ouvrage de M. Godron
sur *l'Espèce,* Paris, 1872, p. 3.

ration, qui se distinguent des autres représentants de *la même espèce* par un ou plusieurs caractères exceptionnels (1).

La *race* est l'ensemble des individus semblables, appartenant *à une même espèce*, ayant reçu et transmettant par voie de génération les caractères d'une variété primitive (2).

Ainsi la variété et la race sont comprises dans l'espèce et ne constituent pas une espèce nouvelle.

Ce qui, d'après M. de Quatrefages et les naturalistes les plus compétents, caractérise le plus nettement l'*espèce* et la distingue des *races* et des *variétés*, c'est que les espèces différentes ne *s'allient pas spontanément entre elles* et que, quand, par l'action de l'homme, il se fait de pareilles alliances, les descendants de ces alliances *ne peuvent pas se perpétuer*, tandis que, quand les différentes races ou variétés d'une même espèce *s'allient entre elles*, leurs descendants sont indéfiniment féconds (3).

Voilà le critérium qui nous permettra de dis-

(1) De Quatrefages, *ibidem*, p. 27.
(2) *Ibid.*, p. 28.
(3) Cf. M. de Quatrefages. *L'Espèce humaine.* Livre Ier, — Le caractère de l'espèce, dit aussi Flourens, est la fécondité continue. De *l'Instinct et de l'Intelligence des animaux*, 3° éd. Paris, 1861, p. 109.

tinguer l'*espèce* de la *race* et de la *variété*. Nous admettrons qu'une *espèce* se sera changée en une autre *espèce,* quand l'alliance entre ces deux groupes ne se fera pas, ou quand, si elle se fait, leur postérité ne pourra pas se perpétuer. Dans le cas contraire nous affirmerons que l'*espèce* ne sera pas changée, mais qu'on aura affaire seulement à des *variétés* ou à des *races* différentes, appartenant à la même espèce.

Les transformistes n'acceptent pas volontiers cette distinction entre l'*espèce,* d'un côté, les *variétés* et la *race,* de l'autre, parce qu'elle enlève toute valeur aux exemples de changements qu'ils allèguent pour prouver leur doctrine; mais « en cela ils se séparent des plus illustres naturalistes et mettent à néant le travail accompli depuis près de deux siècles et les milliers d'observations ou d'expériences faites par une foule d'hommes éminents sur les végétaux et les animaux (1). »

Nous nous en tiendrons à cette notion de l'*espèce* généralement acceptée, et nous allons montrer, en partant de là, qu'une *espèce* ne se transforme jamais en une autre *espèce.*

------

(1) De Quatrefages, p. 25 et 59.

On ne peut concevoir le changement d'une espèce en une espèce différente que de trois manières :

Ou bien c'est un même individu qui change d'espèce dans le cours de son existence ; — ou bien ce sont des parents appartenant à la même espèce qui donnent le jour à des êtres qui ne leur ressemblent pas ou qui ne se ressemblent pas entre eux ; — ou bien enfin ce sont des êtres de deux espèces distinctes qui, en s'alliant ensemble, donnent naissance à un être assez différent de ses parents pour constituer une nouvelle espèce.

Montrons qu'aucun de ces modes n'a jamais amené un changement d'espèce.

§ I. — Un individu ne change pas d'espèce dans le cours de son existence.

9. On trouve dans la nature, et l'exemple en est fréquent, des êtres qui dans le cours de leur existence revêtent des formes tellement différentes les unes des autres, qu'il ne viendrait à l'esprit de personne de les prendre, non seulement pour les mêmes individus, mais même pour des êtres de même espèce, si l'on ne pouvait les suivre dans leurs transformations.

Qu'y a-t-il de plus différent que la chenille et le papillon, que le hanneton et sa larve, que ces milliers d'insectes aux couleurs les plus vives et les plus variées, destinés à vivre dans l'air, et la forme sous laquelle ils ont passé la première phase de leur existence? Cependant personne, même parmi les transformistes, ne s'avisera de faire de l'insecte et de sa larve deux espèces différentes, par la raison que le papillon n'engendrera pas un papillon, mais une chenille, laquelle subira exactement les mêmes transformations que ses ancêtres. Cet exemple ne peut donc pas être invoqué en faveur de la transformation des espèces, mais il était bon de le citer pour montrer que la seule variation des formes, fût-elle même brusque et prononcée, ne suffit pas pour constituer un changement d'espèce. En dehors de ces métamorphoses bien connues et qui sont hors de cause, on ne saurait citer d'exemples d'individus subissant dans le cours de leur vie un changement notable que n'ont pas subi leurs ancêtres et le transmettant à leurs descendants. Inutile de s'arrêter plus longtemps sur ce point.

§ II. — Il n'y a pas de changement d'espèce par voie de génération.

10. Voyons-nous davantage des changements d'espèce s'opérer par voie de génération? Sans doute la progéniture ne ressemble jamais de tout point à ses parents ; il y a également entre les descendants d'une même souche de ces différences minimes qui distinguent l'individu et font qu'on ne peut pas le prendre pour un autre. Il se produit aussi de ces différences plus accentuées qui constituent des variétés ou des races, mais de là à un changement d'espèce, il y a loin (1). Voit-on même parmi les espèces que nous connaissons le mieux, qui sont sans cesse sous nos regards, dont nous pouvons suivre les générations successives, une espèce se transformer en une autre espèce encore in-

(1) Voici à ce sujet une observation remarquable d'Agassiz. « J'ai pris la peine de comparer entre eux des milliers d'individus de la même espèce ; j'ai poussé dans un cas la minutie jusqu'à placer les uns à côté des autres 27,000 exemplaires d'une même coquille dont les espèces congénères sont fort voisines les unes des autres. Je puis affirmer que sur ces 27,000 exemplaires, je n'en ai pas rencontré deux qui fussent identiques ; mais sur ce grand nombre, je n'en ai pas non plus trouvé un seul qui déviât du type de l'espèce au point d'en laisser douteuses les limites. » (Agassiz, *De l'Espèce*, p. 380).

connue? En voit-on davantage prendre la forme
d'une espèce que nous connaissons déjà, même
parmi les plus voisines ; un âne, par exemple, à
la suite d'autant de générations qu'on voudra,
devenir un cheval, une chèvre devenir une brebis, un lapin devenir un lièvre? Il suffit de poser ces questions pour les résoudre.

§ III. — Il n'y a pas de changement d'espèce par le croisement de deux espèces différentes.

11. Nous avons dit qu'on pouvait concevoir
un changement d'espèce amené par le croisement
de deux espèces différentes. Ce mode n'est pas
plus efficace que les précédents.

Disons d'abord qu'en dehors de l'action de
l'homme qui les provoque, ces croisements entre
espèces différentes sont extrêmement rares chez
les végétaux et encore plus chez les animaux (1) ;
par conséquent il serait déjà déraisonnable d'attribuer à une cause aussi exceptionnelle un résultat que l'on prétend être une loi générale de
la nature.

L'homme a pu artificiellement déterminer ces

(1) De Quatrefages, p. 48-50.

croisements entre espèces voisines et obtenir ainsi des êtres intermédiaires entre deux espèces auxquels on donne le nom d'*hybrides*; mais ces *hybrides* ne peuvent pas former une nouvelle espèce, par la raison qu'ils ne peuvent pas se propager. C'est un fait certain, constaté par les expériences les plus variées, soit sur les végétaux, soit sur les animaux, que les unions des hybrides entre eux, ou bien ne sont pas fécondes, ou donnent naissance à des produits qui font retour à l'une ou à l'autre des espèces primordiales. Ainsi le mulet, hybride du cheval et de l'âne, est presque absolument infécond. Les hybrides des boucs et des brebis se reproduisent, mais font promptement retour aux espèces primitives. Il y a 25 ou 30 ans, on a fait grand bruit d'un hybride obtenu par le croisement du lièvre et du lapin, auquel on a donné le nom de léporide; on a cru pendant un certain temps avoir obtenu une nouvelle espèce, capable de se reproduire indéfiniment, mais on n'a pas tardé à reconnaître qu'on s'était fait illusion, et que les léporides avaient fait retour au type lapin.

On connaît pourtant une exception à ce fait général, et c'est dans le règne végétal qu'elle s'est produite. L'hybride, obtenu par le croisement du blé avec l'*ægilops ovata*, paraît se reproduire indéfiniment, mais, pour cette reproduction, il faut les soins de l'homme et des soins minutieux ; par conséquent cet exemple lui-même n'apporte pas le moindre appoint à la théorie du transformisme. On peut voir tous ces faits longuement exposés par M. de Quatrefages, pages 51 et suivantes.

Au reste, quand bien même on citerait quelques exemples plus ou moins authentiques et plus ou moins persévérants d'hybrides féconds, que prouveraient-ils contre la règle générale ? En serait-il moins vrai que presque jamais les espèces différentes ne s'allient entre elles *spontanément*, et que si elles s'allient, dans l'immense majorité des cas les hybrides qui en naissent ne sont pas aptes à se perpétuer ?

Or n'est-ce pas là un fait bien remarquable que cette barrière placée entre les espèces pour en assurer la conservation ? Les transformistes pourraient-ils en donner une explication scientifique ? Ne sommes-nous pas en droit d'y voir une loi providentielle, qui a pour but de conserver les espèces et de prévenir la confusion et le désordre qui résulteraient de leur mélange ?

A ces arguments qui établissent la fixité de

2

l'espèce, les transformistes essaient de donner des réponses ; voyons ce qu'elles valent.

12. 1ʳᵉ *Objection.* — Vous nous demandez, diront-ils, de vous montrer des exemples de transformations, nous n'éprouvons aucun embarras à le faire. Allez visiter les jardins de nos horticulteurs, et vous verrez la grande variété de plantes qu'ils peuvent obtenir d'un même type. Consultez ceux qui se livrent à l'élevage des animaux domestiques, et ils vous diront avec quelle facilité ils en font changer les formes et les aptitudes ; comment par un choix intelligent des reproducteurs et des jeunes animaux, par une nourriture appropriée et distribuée convenablement, par un exercice méthodique, ils arrivent à obtenir des races propres à fournir, les unes des animaux de boucherie qui atteignent promptement et à peu de frais un poids considérable, les autres des animaux légers et rapides à la course, les autres des animaux de travail, remarquables par leur force musculaire et leur résistance à la fatigue ; et si vous voulez faire porter vos observations sur des animaux qui tiennent le milieu entre les animaux domestiques et les animaux sauvages, consultez

les amateurs de pigeons et en particulier les expériences de Darwin sur ces oiseaux, et vous serez
obligés de reconnaître que la matière organique
jouit d'une grande plasticité et peut très facilement passer d'une forme à une autre.

Réponse. — A cette objection tirée des exemples de variations que les transformistes invoquent en faveur de leur système, nous pouvons
opposer une réponse facile. Nous accordons sans
peine que, *dans les limites d'une même espèce,* on
peut produire *artificiellement* une grande variété
de formes, mais nous défions en même temps les
transformistes de nous montrer un seul exemple
de passage *d'une espèce* à *une autre espèce* nettement caractérisée. Tous les exemples de changements qu'ils peuvent apporter ne sont que *des variétés* ou *des races d'une même espèce,* et personne
ne sera tenté de dire que le cheval de course et le
cheval de trait sont des animaux d'espèce différente ; que le bœuf Durham et le bœuf de nos
montagnes d'Auvergne ont cessé l'un ou l'autre
d'appartenir à l'espèce bœuf. Tout le monde con-
tinuera d'appeler dahlia, flox, pelargonium, reine-
marguerite etc., les variétés si nombreuses que
les horticulteurs ont obtenues de ces différents

types. Il y a, au reste, un criterium infaillible, qui montre qu'au milieu de toutes ces variations de forme l'espèce ne change pas, c'est que les individus les plus disparates, pourvu qu'ils proviennent d'une même espèce primitive, peuvent s'allier entre eux et donner naissance à des produits indéfiniment féconds. Que les transformistes nous présentent des animaux qui non seulement diffèrent par la forme de l'espèce dont ils dérivent, mais qui ne soient plus aptes à s'allier à cette espèce, alors nous accorderons que l'espèce est changée; jusque-là nous ne reconnaîtrons dans ces formes différentes, avec la majorité des naturalistes, que des variétés ou des races appartenant à la même espèce.

Citons sur ce sujet M. Contejean, dont l'autorité en cette matière ne saurait être suspecte (1); voici comment il s'exprime dans son traité de géologie (2) : « Les exemples apportés par les transformistes intéressent au point de vue de la formation des races, mais ne laissent pas même apercevoir, d'une manière éloignée, la possibilité du passage d'une espèce à une autre. Ils ne portent, en effet, que sur des créations de variétés et des métamorphoses de races, toutes

____

(1) Voir plus loin, n° 83.
(2) *Géologie et paléontologie*, Paris, 1874, p. 466.

choses bien connues et que personne n'a jamais songé à contester. En supposant (ce qui n'est pas) qu'on pût citer des cas bien authentiques de transformations d'espèces, on aurait encore à prouver *qu'ils rentrent dans une loi générale;* et, pour cela, il faudrait au moins désigner clairement, et sans contestation possible, la filiation d'une espèce vivante, en indiquant toutes les formes qui la séparent du type primitif dont elle dérive. Or il est à craindre qu'on n'arrive jamais à un pareil résultat; et cependant, pour qui ne veut pas se payer d'hypothèses et de probabilités, c'est la moindre des exigences. »

Nous pouvons encore apporter sur cette question l'autorité d'horticulteurs, dont les connaissances pratiques et l'expérience traditionnelle font des juges très compétents dans la matière qui nous occupe. Ce sont les négociants en graines bien connus, MM. Vilmorin et Andrieux. Ces messieurs ne s'occupent pas seulement de leur commerce, mais ils étudient aussi avec un grand soin la culture des plantes, au point de vue de leur multiplication et des variétés que l'on peut obtenir d'un même type. Ils ont des jardins d'expérience soumis à leur contrôle immédiat, et des cultures spéciales pour la production des graines dans les départements du Nord, du Pas-de-Calais, de la Manche, des Côtes-du-Nord, de Maine-et-Loire, de la Côte-d'Or, de Vaucluse et des Bouches-du-Rhône. Ils tirent en outre certaines graines de l'Angleterre, de la Hollande, de l'Italie, de l'Algérie et même des États-Unis d'Amérique. Ils ont donc un champ d'expérience des plus étendus et des plus variés, et ils peuvent mieux que personne étudier les modifications produites sur les plantes par les changements de climat et la différence des terrains. On peut voir dans les ouvrages estimés qu'ils ont publiés sur cette matière (1) l'étendue de leurs connaissances horticoles; on y trouve décrites et classées méthodiquement les variétés si nombreuses que la culture a obtenues d'une même espèce de plantes, soit parmi celles que l'on recherche pour la beauté de leurs fleurs, soit parmi celles qui nous fournissent des produits alimentaires.

Ces habiles horticulteurs sont donc dans les conditions les plus favorables pour juger si, parmi tant de variétés obtenues par la culture, il en est qui aient franchi la limite de leur espèce pour passer à une espèce différente. Or voici

(1) *Les Fleurs de pleine terre illustrées*, 3e édition avec supplément, 1884. — *Les Plantes potagères*, Paris, 1883. — *Le Bon jardinier*, etc.

comment ils s'expriment sur ce sujet dans l'introduction de leur ouvrage sur *les Plantes potagères* (1) :

« Toutes les races de pois potagers, toutes nombreuses qu'elles sont, se rapportent au *Pisum sativum, L.;* celles de betteraves au *Beta vulgaris, L.:* celles des haricots aux *Phaseolus vulgaris, L., Ph. lunatus, L. et Ph. multifloras, Willd.,* et ainsi des autres. »

« Et à ce propos il nous sera permis de faire la réflexion que la fixité de l'espèce botanique quelle qu'en soit la valeur absolue, si on la considère dans l'ensemble des temps (2), est bien remarquable et bien digne d'admiration, si on l'envisage seulement dans la période que nos investigations peuvent embrasser avec quelque certitude. Nous voyons en effet des espèces soumises à la culture dès avant les temps historiques, exposées à toutes les influences modificatrices qui accompagnent les semis sans cesse répétés, le transport d'un pays à un autre, les changements les plus marqués dans la nature des milieux qu'elles traversent, et ces espèces conservent néanmoins leur existence bien distincte, et,

____

(1) P. VI.

(2) Nous verrons aux chap. II et III que cette réserve n'est pas nécessaire.

tout en présentant perpétuellement des variations
nouvelles, ne dépassent jamais les limites qui
les séparent des espèces voisines. »

« Dans les courges, par exemple, plantes
annuelles si anciennement cultivées, qu'elles ont
vu assurément plusieurs milliers de générations
se succéder dans les conditions les plus propres
à amener des modifications profondes de caractère, on retrouve, pour peu qu'on veuille y regarder, les trois espèces qui ont donné naissance à
toutes les courges comestibles cultivées ; et,
ni les influences de la culture et du climat, ni
les croisements qui peuvent se produire de temps
en temps, n'ont créé de type permanent, ni
même de forme qui ne retourne promptement à
l'une des trois espèces primitives. Dans chacune
le nombre des variations est presque indéfini :
mais la limite de ces variations semble fixe, ou
plutôt elle semble pouvoir se reculer indéfiniment, sans jamais atteindre ni pénétrer les
limites de variation d'une autre espèce. »

« Est-il une plante qui présente de plus nombreuses et de plus grandes variations de forme
que le chou cultivé? Quelles plus profondes dis-
semblances que celles qui existent entre un
chou pommé et un chou navet, entre un chou-
fleur et un chou de Bruxelles, entre un chou-

rave et un chou cavalier? Et cependant ces
variations si étonnamment amples des organes
de la végétation n'ont pas influé sur les caractères des organes essentiels de la plante, sur les
organes de la fructification, de façon à masquer
ni même à obscurcir l'évidente identité spécifique de toutes ces formes. Jeunes, on pourra prendre ces choux pour des plantes d'espèces différentes, pris en fleurs et en graine, ce sont tous des
Brassica oleracea, L. »

13. 2ᵉ *Objection.* — Ce n'est pas seulement
du blé et de l'*Ægilops ovata* que l'on a obtenu
un hybride fécond, les horticulteurs en ont
obtenu un grand nombre qu'ils sont parvenus à
fixer, et qui se reproduisent indéfiniment comme
on le voit dans les traités d'horticulture.
On peut donc admettre que le croisement d'espèces différentes a pu donner naissance à des espèces nouvelles.

Réponse. — Indépendamment de la réserve
que nous avons déjà faite sur l'inconséquence
qu'il y aurait à assimiler un croisement naturel entre espèces différentes à un croisement

déterminé par l'action de l'homme et dont les produits seraient perpétués par ses soins, nous pouvons répondre à cette objection en faisant remarquer que certains horticulteurs qui ne s'attachent pas à la précision du langage, donnent à tort le nom d'hybrides à ces produits. Ce sont des métis (1), obtenus par l'union de variétés d'une même espèce et non par le croisement d'espèces différentes (2).

14. 3ᵉ *Objection*. — Si nous ne voyons plus actuellement de changements d'espèce, c'est qu'en effet il ne s'en fait plus ; ces changements se sont opérés dans les temps passés, alors que la nature avait une plasticité qu'elle n'a plus maintenant. Depuis longtemps les espèces sont fixes et immuables ; c'est ce que les darwinistes appellent *loi de permanence* (3).

(1) On appelle métis les individus nés de parents appartenant à la même espèce, mais non à la même race ou à la même variété. Les métis en s'alliant entre eux peuvent se perpétuer indéfiniment en donnant naissance à des individus qui appartiennent à l'espèce souche d'où ils dérivent, tandis que les hybrides, comme nous l'avons dit, ne peuvent se perpétuer.

(2) Vilmorin-Andrieux, *Les Plantes potagères*, Introduction, p. XII.

(3) Cf. *Études religieuses*, 1878, 2ᵉ vol., p. 503.

Réponse. — Pour répondre à cette difficulté, distinguons la question de droit et la question de fait. Pour la question de fait, nous la traiterons plus loin, quand nous invoquerons l'histoire et la paléontologie, et nous verrons alors si l'on peut admettre la transformation des espèces dans les temps passés avec plus de raison que dans l'état actuel des choses.

Est-on en droit de prétendre que les espèces pouvaient autrefois passer de l'une à l'autre, mais qu'elles ne le peuvent plus maintenant? S'il en est ainsi, voilà une loi de la nature, et certes des plus importantes, qui n'a pas été seulement suspendue, qui a disparu; mais c'est là un miracle et un miracle de premier ordre, et il serait assez étrange que MM. les transformistes matérialistes qui ne sont pas très portés à admettre le miracle, voulussent nous faire accepter celui-là sans preuve. Nous leur demanderons donc *quand* et *pourquoi* cette grande loi de la nature s'est trouvée anéantie? Nous leur demanderons si *la matière* qui constitue le fond de tous les organismes *aurait changé?* Si *les lois physiques et chimiques* avec lesquelles ils prétendent expliquer tous les phénomènes vitaux *auraient changé?* et si ce seraient tous ces changements qui arrêteraient les espèces actuelles dans leur évolution vers de nouvelles espèces? S'il en était ainsi, ces changements seraient un nouveau miracle invoqué pour expliquer le premier, et il est à croire que les transformistes ne voudraient pas aller jusque-là.

Mais ils nous diront peut-être que ce sont les circonstances qui ont changé : la température n'est plus aussi élevée; les conditions d'humidité et de sécheresse ne sont plus les mêmes; les climats se sont transformés (1).

En admettant, si l'on veut, que ces changements aient pu réduire à l'inaction la loi des évolutionistes dans quelques parties du globe, nous ferons remarquer que l'on trouve encore sur la terre toute espèce de climats et de conditions d'existence : il y a des climats secs et des climats humides; des climats froids, des climats tempérés et des climats brûlants; des climats continentaux et des climats marins; des plaines et des montagnes; des terres sablonneuses et arides, des terres inondées et marécageuses... Est-il croyable que, parmi une aussi grande variété de conditions et de climats, cette grande loi de l'évolution qui aurait par le passé produit toutes les espèces actuellement existantes, ne trouve

____

(1) Voir plus loin (IIᵉ partie, chap. 1ᵉʳ, art. II, § II) ce qu'il faut penser de l'influence des milieux sur ces changements d'espèce.

pas aujourd'hui pour le moins quelque petit coin où elle puisse donner signe de vie et montrer ce qu'elle sait faire ? Nous attendrons que les transformistes aient découvert ce lien privilégié, avant de nous rallier à leur opinion.

15. 4ᵉ *Objection*. — On prétend qu'il faut, pour qu'une espèce se change en une autre espèce, un temps considérable et qui dépasse de beaucoup la durée de la vie humaine. Il n'en coûte même pas aux évolutionistes pour demander un temps qui excède toute la durée des temps historiques.

Réponse. — 1° Cette assertion est une hypothèse gratuite. Pour qu'elle sortît du domaine des hypothèses, il faudrait que les évolutionistes nous montrassent dans le passé le point de départ de ces changements d'espèces, qu'ils nous en fissent suivre les progrès en nous montrant les formes intermédiaires et nous fissent ainsi arriver au dernier terme. Et même, plus ils supposent ces évolutions lentes et insensibles, plus ils sont obligés de nous montrer de formes de passage ;

3

or ces formes ils ne nous les montrent pas dans le présent, nous allons le voir bientôt (1), ils ne nous les montrent pas davantage dans le passé, nous le verrons plus loin (2) ; par conséquent cette hypothèse ne s'appuie sur rien et est sans valeur pour soutenir leur doctrine.

2° Les évolutionistes qui demandent un si long temps pour la transformation d'une espèce en une autre, invoquent en même temps en faveur de leur système la facilité avec laquelle les éleveurs et les horticulteurs font varier artificiellement les animaux et les plantes. Or comment se fait-il qu'il faille tant de temps pour qu'une espèce animale se transforme en une autre espèce et qu'il en faille si peu pour obtenir des variétés très différentes dans la même espèce. Pour les transformistes il ne peut y avoir là qu'une question de plus ou de moins, puisque pour eux l'espèce n'existe pas, et que la série des êtres ne forme qu'un tout continu. Qu'ils nous expliquent donc comment il se fait qu'il faille si peu de temps pour franchir le premier degré — *d'une variété à une autre*, et qu'il en faille tant pour le second — *d'une espèce à une autre !*

(1) § II de ce chapitre.
(2) Chap. II et III.

3° Admettons, si l'on veut, qu'il faille un temps très long pour constater une transformation dans les espèces dont les générations ne se succèdent qu'à de longs intervalles ; mais il y a des espèces tellement prolifiques qu'on devrait les voir se transformer au bout d'un temps assez court ; car ce n'est pas tant de la durée qu'on doit tenir compte ici que du nombre de circonstances dans lesquelles et par lesquelles les variations spécifiques ont pu se produire, c'est-à-dire, du nombre de générations. On peut citer parmi les animaux qu'il nous est le plus facile d'observer, les lapins, les poules et les pigeons. Combien dans une vie d'homme ne peut-on pas voir de générations de ces animaux, qui se reproduisent si vite et se multiplient avec tant d'abondance.

Cependant, voit-on jamais, et a-t-on jamais vu, à la suite d'autant de générations qu'on voudra, sortir de ces types autre chose que des êtres de même espèce? Le naturaliste, quel qu'il soit, hésiterait-il plus que le vulgaire à classer les descendants de ces animaux dans la même espèce que leurs ancêtres (1)?

De tout ce qui précède il résulte clairement

____

(1) Cf. R. P. Haté, *Études religieuses*, 1878, 2ᵉ vol., p. 505.

que les transformistes ne sont pas fondés à invoquer le temps pour réfuter la preuve que nous avons donnée de la fixité des espèces.

————〜〜〜〜————

ARTICLE II.

ABSENCE DE FORMES INTERMÉDIAIRES ENTRE LES ESPÈCES.

16. Si les doctrines transformistes sont vraies ; si les organismes les plus élémentaires peuvent, ou du moins ont pu donner naissance, par voie de transformation lente, aux organismes les plus compliqués et les plus parfaits, nous devrions trouver les formes intermédiaires qui servent de transition entre l'espèce primitive et l'espèce dérivée, et nous devrions les trouver en nombre d'autant plus grand qu'on suppose la transformation plus lente et plus insensible. Or ces êtres intermédiaires nous ne les voyons nulle part. Qu'on nous montre par exemple ceux par lesquels s'opère ou s'est opéré le passage du reptile à l'oiseau, du poisson au mammifère, ou bien même, pour prendre des êtres moins disparates, de l'âne au cheval, de la chèvre à la brebis, etc. On ne saurait nous les montrer, et, de fait, si ces intermédiaires innombrables existaient, ce

serait un polymorphisme complet qui rendrait impossible pour les naturalistes toute classification, et au lieu de l'ordre et de l'harmonie qui règnent dans la nature, ce serait un désordre et un chaos au milieu duquel on ne pourrait plus se reconnaître.

17. 1re *Objection.* — Les transformistes essaient d'échapper à la nécessité de nous montrer ces formes intermédiaires que nous leur réclamons, en nous disant qu'elles ont disparu.

Réponse. — Si elles ont disparu, c'est donc qu'elles ont existé du moins autrefois ; l'histoire et la paléontologie nous diront ce qu'il faut croire de cette existence passée (1).

Bornons-nous ici à demander pourquoi elles ont disparu de la flore et de la faune actuelles ?

Généralement on ne le dit pas ; c'est une simple affirmation qu'on peut nier avec autant de droit qu'on en a de l'avancer. Il vaudrait pourtant bien la peine qu'on nous donnât la preuve

(1) Chap. II et III.

de cette disparition qui serait venue si à propos tirer les évolutionistes d'embarras.

Voici cependant une explication donnée par M. Locard dans un ouvrage intitulé : *Étude sur les variations malacologiques* (1). « Comment existe-t-il encore des formes que l'on peut distinguer, des variétés que l'on peut classer, des espèces que l'on peut déterminer? C'est qu'au milieu de cette multitude de causes efficientes, qui se réunissent pour modifier l'être, il *en est qui se combattent les unes les autres et finissent par apporter un certain équilibre* dans les perturbations que chacune d'elles occasionnerait, si elle agissait seule. Les formes accidentelles, les modifications purement individuelles finissent toujours par céder devant des *lois plus générales*, s'appliquant à l'ensemble de la colonie. Les formes dominantes seules subsistent et tendent à se perpétuer. »

Ne serait-il pas bon, pour satisfaire l'esprit et pour le convaincre, de nous faire assister à ces combats et de nous faire voir comment ils apportent l'*équilibre* ; de nous indiquer avec précision quelles sont *ces lois plus générales* devant les-

(1) Cité dans la *Revue des questions scientifiques de Bruxelles*, janvier 1882, p. 276.

quelles les formes accidentelles et les modifications purement individuelles finissent par céder?
Ne serait-ce pas encore là une hypothèse inventée
pour en soutenir une autre?

Et puis s'il y a des causes *qui se combattent
les unes les autres* et qui rétablissent *l'équilibre*,
comment se fait-il que ces causes n'agissent pas
pour conserver l'espèce et qu'elles agissent au
contraire pour en amener le changement? Comment *ces lois plus générales qui finissent toujours
par effacer les formes accidentelles et les modifications purement individuelles* n'ont-elles pas avant
tout pour effet de maintenir la fixité de l'espèce
primitive, plutôt que de favoriser la production
et la permanence d'espèces nouvelles?

Concluons que ces explications n'expliquent
rien, ou que, si elles expliquent quelque chose,
c'est la fixité de l'espèce et non sa variabilité
indéfinie (1).

18. 2ᵉ *Objection.* — On trouve, soit dans le
règne végétal, soit dans le règne animal, des

(1) Nous verrons plus loin, dans la 2ᵉ partie (nᵒ 114), ce qu'il
faut penser d'une autre explication que donnent les darwinistes
de l'absence d'intermédiaires entre les espèces.

genres dont les espèces sont tellement rapprochées que les naturalistes sont fort embarrassés pour les distinguer les unes des autres et assigner les limites qui les séparent. Parmi les animaux on peut citer les chiens, les ours, les pigeons, etc., et dans le règne végétal les genres pigamon, polygale, violette, rosier, ronce, épervière, menthe, etc. En présence de ces espèces si voisines les évolutionistes nous diront : vous demandez des intermédiaires, mais en voilà et d'aussi nombreux qu'on peut le désirer, c'est la nature prise sur le fait.

Réponse. — On ne peut pas ne pas reconnaître que, dans les genres cités, il n'y ait des rapprochements très nombreux qui en rendent la classification difficile; mais faut-il en conclure immédiatement à une transmutation d'espèce? nous ne le pensons pas et nous espérons démontrer le contraire.

D'abord il n'est rien moins que prouvé que ces prétendues espèces si voisines soient réellement des espèces distinctes. Depuis quelque temps les naturalistes ont une tendance marquée à multiplier les espèces et à regarder comme telles de simples variétés à peine distinctes les unes des

autres. On peut facilement expliquer cette pro-
pension : chacun aime à s'attribuer le mérite
d'avoir trouvé quelque chose de nouveau, à attacher son nom à une découverte. Or les choses
nouvelles sont rares maintenant en histoire naturelle ; une espèce que n'ont pas encore décrite
nos devanciers est une bonne fortune qui ne se
rencontre pas souvent. Ne trouvant rien de nouveau parmi les caractères saillants et nettement
tranchés, on s'attache aux moindres détails, on
fait abstraction des caractères communs pour
mettre en relief les moindres différences, et c'est
ainsi qu'on multiplie sans fin les espèces.

Les évolutionistes ne sont pas insensibles au
plaisir de se présenter comme ayant fait faire
quelque nouveau pas à la science dans le champ
des classifications ; mais ils sont aussi et surtout
mus par le désir de faire prévaloir leur système,
et ils ne manquent pas, quand ils en peuvent
trouver l'occasion, d'intercaller, entre les espèces
anciennement connues, des espèces prétendues
nouvelles, ne différant des anciennes que par des
caractères très secondaires. Il y a quelques espèces dont les formes sont sujettes à beaucoup
de variations et qui se prêtent ainsi facilement
à ces subdivisions indéfinies ; mais doit-on regarder ces formes différentes comme constituant

3.

autant d'espèces? Offrent-elles des caractères assez
tranchés, et surtout les a-t-on soumises au critérium de l'expérience en cherchant à allier ensemble ces formes voisines et en suivant leurs
produits pendant plusieurs générations? Ces expériences demandent beaucoup de soin, de patience
et de persévérance, et on ne prend guère le temps
et la peine de les faire. C'est pourtant ce qu'il
serait nécessaire d'entreprendre avant de rien
affirmer relativement à la réalité de ces espèces,
et nous sommes bien en droit de ne les regarder
dans la plupart des cas que comme des variétés,
tant qu'on n'aura pas fait la preuve du contraire.

Au reste, ces espèces polymorphes où l'on veut
trouver des exemples d'évolution, ne sont que
des exceptions, que des faits isolés au milieu
d'une multitude de faits contraires, et dès lors
on ne peut pas raisonnablement les apporter
comme preuve d'une loi générale de la nature,
telle que l'entendent les évolutionistes.

19. 3ᵉ *Objection.* — De la difficulté que nous
avons signalée, de décider pour des formes voisines si l'on a affaire à des espèces ou à des variétés, certains partisans du transformisme con-

cluent que espèce et variété ne doivent être que des catégories purement relatives ; en d'autres termes ils nient la fixité de l'espèce (1).

Réponse. — La conclusion évidemment n'est pas contenue dans les prémisses. De la difficulté de savoir si dans tel ou tel cas on a affaire à une espèce ou à une variété on ne peut rien conclure sinon que, faute de documents et d'observations assez suivies, on ne peut pas se prononcer dans le cas présent ; mais cette difficulté ne prouve en aucune manière qu'en soi il n'y ait une limite nettement tranchée entre la variété et l'espèce. Cette limite est facile à reconnaître dans la grande majorité des cas, et dans les cas où l'on ne peut pas la déterminer, loin de conclure qu'elle n'existe pas, on doit au contraire juger par analogie qu'elle existe.

(1) *Traité de zoologie*, par Clauss, p. 163 et 164

ARTICLE III.

FAUNE INCOMPLÈTE DE L'AUSTRALIE, DES ILES DE MADÈRE ET DES CANARIES.

20. Si la transformation des espèces est une loi générale de la nature, comment pourra-t-on expliquer qu'on n'ait pas trouvé de mammifères indigènes, excepté des chauves-souris, dans les îles de Madère et des Canaries, et qu'on n'ait trouvé en Australie que des chauves-souris et des marsupiaux ; et pourquoi dans ces contrées ces animaux ne se sont-ils jamais développés en vertu des lois de l'évolution et transformés en types plus élevés? Ces lieux ne sont cependant pas impropres à l'existence des mammifères, car depuis que l'homme les y a introduits, ils y sont devenus sauvages et s'y sont naturalisés en beaucoup d'endroits. Le temps d'ailleurs n'a pas manqué pour cela, puisqu'on a constaté en Australie la présence du terrain silurien ; ce qui prouve que ce continent est de date à peu près aussi ancienne que nos terres d'Europe. Voilà certes des faits qui se concilient mal avec la théorie de l'évolution.

21. Lyell essaie de répondre à cette difficulté et voici les raisons qu'il apporte :

1re *Raison*. — « Le type des chauves-souris, dit-il, est un type égaré et d'une spécialisation extrême et par conséquent un type où l'on doit s'attendre à trouver la fixité la plus inflexible d'organisation (1). »

Réponses. — 1° Lyell n'apprend pas par là *pourquoi* la loi d'évolution n'a réussi qu'à donner des chauves-souris, et, dans ces pays plutôt qu'ailleurs, s'est perdue dans cette impasse. 2° Il présente ces animaux comme un type égaré et d'une spécialisation extrême ; cependant les transformistes devraient voir en eux une transition des oiseaux aux mammifères. 3° Il conclut gratuitement de là à la fixité de ce type ; on serait bien aise de savoir *pourquoi* un type, serait-il égaré et d'une spécialisation extrême, n'est plus soumis à la loi de l'évolution.

2e *Raison*. — Si l'on suppose que les chauves-

______

(1) *Antiquité de l'homme*, traduc. Chaper, 2e édit., p. 192.

souris se sont introduites à Madère et dans les
Canaries à l'aide de la faculté qu'elles ont de
voler, il aura dû en venir d'autres de temps en
temps du continent africain ; « les dernières, se
mêlant aux émigrées et se croisant avec elles,
auront empêché la formation de nouvelles races
et conservé l'intégrité du type (1). »

Réponse. — Si cette réponse vaut quelque
chose pour les îles africaines, on peut demander
à celui qui l'a trouvée, comment il a jamais pu
y avoir transmutation d'espèces sur les continents, puisque là les animaux de même espèce
ne manquent pas pour se mêler, se croiser et
conserver l'intégrité du type.

3° *Raison.* — « Quant aux rongeurs et aux
cheiroptères de l'Australie, nous savons qu'avant
la période actuelle, ce continent était peuplé de
grands kangaroos et d'autres marsupiaux,... d'espèces éteintes depuis longtemps et dont on a
découvert les restes... L'établissement antérieur,
dans le pays, de ces types indigènes, fort répan-

(1) Lyell, *Antiquité de l'homme*, traduc. Chaper, 2° édit., p. 492.

dus, *a pu entraver* complètement le développement des rongeurs et des cheiroptères placentaires (1). »

Réponse. — On peut dire avec tout autant de raison que ces types indigènes *ont pu favoriser* le développement de ces animaux. En quoi et pourquoi *auraient-ils pu entraver* leur développement? Lyell ne nous le dit pas. Serait-ce parce qu'ils étaient grands? — Serait-ce parce qu'ils étaient nombreux? — Serait-ce parce que c'étaient des marsupiaux? — Mais aux époques secondaire et tertiaire les animaux de grande taille ont-ils, pour les transformistes, entravé l'évolution animale? — S'ils étaient nombreux, il y avait d'autant plus de chance que quelques-uns passeraient à des types plus élevés. — Est-ce que dans la théorie transformiste la présence de deux genres voisins a pour effet d'entraver l'évolution, ne doit-elle pas plutôt la favoriser en rendant plus active la lutte pour la vie? Si c'est là une entrave, combien de fois l'évolution n'aurait-elle pas été entravée et comment même aurait-elle été possible? Ajoutons que, puisque l'on trouve en

____

(1) Lyell, *Antiquité de l'homme*, traduc. Chaper. 2ᵉ édit., p. 193.

Australie des espèces de kanguroos éteintes depuis longtemps et puisqu'il y en a encore maintenant, le temps n'a pas manqué à ce genre d'animaux pour se transformer en d'autres types, et la difficulté devient d'autant plus insoluble pour les partisans du système évolutioniste.

Toutes ces raisons apportées par Lyell sont pauvres, et il fallait qu'il fût bien dépourvu d'arguments pour s'en faire un appui.

CHAPITRE II.

22. Les transformistes ne pouvant pas étayer leur système sur les faits contemporains, appellent le temps à leur aide et nous disent que les variations qu'ils sont dans l'impossibilité de nous montrer dans le présent, parce qu'elles s'opèrent trop lentement, se sont produites pendant les longues périodes du passé.

Nous avons vu (13) qu'en droit ils n'étaient pas fondés à invoquer ainsi le temps ; recherchons si les faits du passé leur donnent davantage raison et interrogeons d'abord l'histoire et les monuments historiques. Nous empruntons les faits qui suivent à M. Faivre (1).

I. — « Les laves qui ont recouvert en l'an 79 de notre ère les villes d'Herculanum et de Pompéi, ont enfoui, sans les altérer, les restes de la vie

(1) Faivre, *La Variabilité des espèces et ses limites*, Paris, 1868, p. 162.

organique à cette époque ; on a trouvé dans la maison d'un peintre une collection de coquilles et dans la boutique d'un fruitier des vases remplis de châtaignes, d'olives et de noix. Malgré dix-huit siècles écoulés, on n'a point constaté de changements appréciables entre ces formes et celles de nos jours. »

« Aristote qui vivait il y a plus de deux mille ans, Galien qui écrivait au second siècle de notre ère, ont donné, des animaux et des plantes, des descriptions extérieures ou anatomiques d'une si entière exactitude, qu'on les croirait tracées par la main d'un naturaliste de nos jours. »

23. Voilà des témoignages dont l'antiquité est déjà respectable. Les monuments de l'ancienne Égypte vont nous en donner de plus respectables encore.

Avant de la consulter remarquons que, s'il est une contrée au monde qui ait pu faciliter l'évolution des espèces, c'est bien l'Égypte. — « La richesse de la flore et de la faune, la fertilité du sol, l'élévation de la température unie à l'abondance de l'humidité, l'industrie même de l'homme, attestée par ses gigantesques travaux (1), » tout était fait pour exciter l'activité des organismes et devait favoriser leur évolution. Les changements éprouvés par le sol ont dû y contribuer également. Le limon apporté chaque année par le Nil a exhaussé considérablement le sol et augmenté la surface des terres cultivables. « Poussés sur les rives du Nil, les sables de l'Afrique ont aussi modifié la constitution du sol égyptien ; ils ont englouti des temples, des monuments, des villes entières plus vastes peut-être que Thèbes et Memphis. Ainsi on ne saurait prétendre que les conditions de la vie sont demeurées les mêmes sur le sol égyptien. »

« Si, malgré ces changements, les organismes n'ont pas varié, si les siècles n'ont point apporté dans leurs formes de modifications appréciables, il faut bien convenir que l'expérience réalisée depuis trois ou quatre mille ans, date que marquent l'histoire et les monuments de l'Égypte, n'est point favorable à l'hypothèse de la mutabilité (2). »

Or c'est là un fait qui ressort nettement de la comparaison des animaux et des végétaux de l'ancienne Égypte avec les animaux et les végétaux de l'Égypte moderne.

(1) *La Variabilité des espèces et ses limites*, p. 164.
(2) *Ibid.*, p. 166.

Les anciens Égyptiens, on le sait, étaient experts dans l'art d'embaumer les corps, et ils déposaient dans leurs monuments funèbres non seulement des corps humains, mais aussi le corps d'animaux de toute espèce ; tous ces témoins des anciens âges, connus sous le nom de *momies,* se sont conservés sans altération jusqu'à nos jours. Lors de l'expédition d'Égypte conduite par Napoléon à la fin du siècle dernier, les savants qui l'accompagnaient recueillirent un grand nombre de ces momies et les rapportèrent en France, où elles furent l'objet d'un examen attentif de la part des plus célèbres naturalistes de l'époque.

Cuvier, Lamark, Lacépède, étudièrent jusque dans les moindres détails les animaux supérieurs ; le célèbre entomologiste Latreille fit la même chose pour les insectes, et tous reconnurent une identité parfaite de caractères entre les animaux vieux de trente ou quarante siècles et les animaux actuels. Lamark lui-même, bien que partisan de la mutabilité des espèces, fut obligé d'en convenir. Le bœuf, le chien, le chat, le singe, l'ichneumon, le crocodile, la pilulaire sacrée, le scarabée à deux cornes, l'abeille domestique, sont ce qu'ils étaient dans ces temps reculés. En examinant les figures d'animaux gravés sur les obélisques transportés d'Égypte à Rome, Cuvier y a également reconnu la similitude avec les animaux actuels, de l'ibis, du vautour, du faucon, de l'oie d'Égypte, du râle de terre, du vanneau, du ceraste, de l'aspic et de l'hippopotame (1).

Depuis cette époque de nouvelles recherches et de nouvelles comparaisons ont été faites qui sont venues corroborer les observations précédentes, on a retrouvé dans les hypogées de Thèbes et de Memphis des figures reconnaissables de la roussette d'Égypte, de la girafe, du lion mâle, du crocodile, du bechir parmi les poissons et de deux singes, le grivet et l'amadryas (2).

Non seulement les espèces, mais les races elles-mêmes se sont conservées intactes. La plupart des variétés de chiens représentées dans les bas-reliefs des tombeaux égyptiens subsistent encore aujourd'hui dans le pays ou dans les contrées voisines. On y reconnaît le chien des bazars du Caire et des autres villes de l'Égypte contemporaine, le chien de Dongolah, que l'on rencontre le plus habituellement dans les villa-

----

(1) *La Variabilité des espèces et ses limites*, p. 167.

(2) Champollion jeune, Rosellini, Leipsius, cités par Faivre, p. 108.

ges de Nubie, le sloughi ou grand levrier du nord de l'Afrique, etc. (1).

24. Les plantes n'ont pas plus changé que les animaux. D'habiles botanistes tels que Kunth, de Jussieu, de Candolle et plus récemment le professeur Unger ont fait cette comparaison.

« Kunth observant des fruits, des graines, des fragments de plantes trouvés dans des tombeaux, y a reconnu le froment, le dattier, le papyrus, le palmier doum, l'oranger, le grenadier, la vigne, le ricin, le genévrier de Phénicie, le figuier, l'acacia de Farnèse. « Les restes examinés appar-
« tiennent presque tous, nous dit Kunth, à des vé-
« gétaux qu'on rencontre encore aujourd'hui dans
« ces contrées ; la comparaison la plus scrupuleuse
« ne m'a laissé entrevoir aucune différence. » Bonastre, Passalacqua, de Candolle confirment et complètent les indications du savant professeur d'Allemagne (2). »

« Le professeur Unger en examinant les briques employées vers l'année 3400 avant notre ère à la construction de la pyramide de Dashour,

(1) F. Lenormant cité dans les *Études religieuses*, par le R. P. Haté, 2ᵉ vol. 1878, p. 510.
(2) Faivre, ouvrage cité, p. 168.

a extrait de la paille et du sable dont elles sont partiellement formées des débris organiques dont la conservation permettait une étude attentive ; dans ces débris il a distingué, parmi les plantes cultivées, le froment, l'orge, le pois, le teff, le lin, et parmi les autres végétaux, le chénopode des murs, le radis, la chrysanthème des moissons. Le temps n'avait point rendu ces formes méconnaissables (1). »

25. II. — A côté de ces preuves tirées des restes conservés des anciens âges, on peut en citer d'autres qui sont extraites pour ainsi dire des annales vivantes de la nature. On trouve çà et là sur le globe des arbres dont la longévité tout à fait extraordinaire est attestée, soit par la tradition, soit par leur dimension colossale. Les botanistes peuvent apprécier leur âge avec assez de certitude, et par leur taille et le volume de leur tronc, et par le nombre de couches ligneuses dont ils se composent (2).

On peut citer parmi ces vétérans du règne

____

(1) Faivre, ouvrage cité, p. 170.

(2) On a contesté récemment la valeur de ce dernier mode d'appréciation, au moins pour les régions chaudes et humides où il peut se former plusieurs couches dans l'espace d'une année.

végétal : le châtaignier gigantesque de l'Etna, qui était déjà vigoureux du temps de Pline le naturaliste et que l'on estime n'avoir pas moins de vingt siècles d'existence ; le baobab du cap Vert mesuré par Adanson, qui aurait cinq mille ans de durée ; le fameux sequoia de Californie, dont la cime s'élève à plus de 100 mètres, et dont la circonférence mesure 30 mètres à la base ; on lui donne six mille ans d'âge ; il faudrait attribuer de quatre à six mille ans au cyprès chauve d'Oaxaca sous l'ombre duquel Cortès abrita, dit-on, sa petite armée, et l'if mesuré par Evelyn dans le comté de Kent ne végéterait pas depuis moins de trente siècles (1).

En faisant la part de l'incertitude plus ou moins grande qui règne sur l'âge vrai de ces arbres, il n'en reste pas moins certain qu'ils ont vu se succéder des générations sans nombre de leurs descendants ; or ceux qui croissent encore dans leur voisinage, ne diffèrent en rien de ces antiques représentants de l'espèce.

26. III. — Rapportons encore en terminant un fait qui a de l'analogie avec les précédents.

______

(1) Faivre, ouvrage cité, p. 169.

On a souvent trouvé des grains de froment dans les anciens cercueils des momies égyptiennes ; M. le comte de Sternberg a eu l'idée de semer de ces grains et il s'en est trouvé qui, malgré leurs trois ou quatre mille ans, ont pu germer et fructifier. On a constaté que la plante qui en est provenue, était identique avec le froment commun à épis lâches, mutiques, blancs et glabres (1). D'où l'on doit inférer que cette espèce existait dans l'ancienne Égypte et qu'elle s'est transmise sans altération jusqu'à nous.

27. Tirons maintenant de tous ces faits une conclusion générale que nous emprunterons à Cuvier : « Je sais, dit-il, que quelques naturalistes comptent beaucoup sur les milliers de siècles qu'ils accumulent d'un trait de plume ; mais dans de semblables matières, nous ne pouvons guère juger de ce qu'un long temps produirait qu'en multipliant par la pensée ce que produit un temps moindre. » Or une durée de trois à quatre mille ans n'a produit *aucune* transformation dans les animaux et les plantes ; d'où l'on doit conclure que un million de siècles n'en a pas produit davantage.

(1) Faivre, ouvrage cité, p. 171.

4

28. *Objection*. — Pour tourner une difficulté aussi considérable, opposée à la doctrine de l'évolution, on a prétendu que les espèces passaient successivement par deux phases : une phase pendant laquelle elles subissaient des variations rapides, comme on en voit encore se produire actuellement dans certaines espèces polymorphes, telles que les espèces citées précédemment (17), et une autre phase d'une durée démesurément plus longue que la première, pendant laquelle elles se trouvaient fixées et ne variaient plus. Les espèces actuelles se trouveraient pour la plupart dans cette seconde phase, et voilà pourquoi elles n'auraient pas varié depuis les temps historiques.

Réponse. — Cette explication est une hypothèse gratuite qui ne s'appuie sur aucun fait positif et dont on ne voit pas la raison.

1° Il faudrait nous montrer que les espèces actuelles ont passé autrefois par cette phase de variabilité, et pour cela il faudrait nous en retracer la généalogie, nous dire de quelles espèces elles dérivent, nous indiquer le point qui a séparé les deux périodes et nous les faire voir dans cette phase transitoire où elles cherchaient une forme définitive. Or c'est ce que l'on n'est pas en état de faire.

2° Il faudrait aussi nous dire pourquoi les espèces, autrefois variables jusqu'à passer de l'une à l'autre, ne le sont plus maintenant. Les lois de la nature ne sont pas ainsi sujettes au changement, et pour nous faire accepter ce passage des espèces d'un état instable à un état fixe et permanent ce serait bien le moins, comme nous l'avons déjà dit (14), qu'on nous en apportât une raison plausible. — Si nous avancions qu'il y a cent mille ans la lumière ne se réfléchissait pas en faisant l'angle de réflexion égal à l'angle d'incidence, on ne nous écouterait pas et on ne prendrait pas la peine de nous réfuter, ou tout au moins on nous demanderait de bonnes preuves d'une pareille assertion. N'avons-nous pas autant de droit de demander pourquoi, si autrefois la transformation des espèces était une loi de la nature, cette loi est maintenant remplacée par une loi toute contraire? Quel droit a-t-on de prétendre que les lois physiologiques sont sujettes au changement, tandis que les lois physiques sont fixes et immuables?

3° On nous cite comme exemples certaines espèces qui actuellement donnent naissance à de nombreuses variétés, et on affirme que les autres espèces ont passé par cet état instable ; mais s'il en est ainsi, qu'on nous dise pourquoi les unes sont encore dans la phase de variabilité, et pourquoi les autres qui vivent sous le même climat, sur le même terrain et dans des conditions d'existence identiques sont arrivées à un état fixe et permanent.

Jusqu'à ce qu'on ait résolu ces difficultés, nous nous en tiendrons au témoignage de l'histoire. Nous allons voir d'ailleurs que la paléontologie s'accorde avec elle pour enlever toute vraisemblance aux doctrines transformistes.

CHAPITRE III.

LE TRANSFORMISME EST CONTREDIT
PAR LA PALÉONTOLOGIE.

29. Les restes d'animaux et de plantes conservés dans le sein de la terre nous permettent de remonter au delà des temps historiques et jusqu'aux premières origines de la vie. Interrogeons ce lointain passé et recherchons s'il est plus favorable que l'histoire au système évolutioniste.

Nous pouvons demander à la paléontologie de nous éclairer sur trois points : — Peut-elle nous montrer des changements d'espèce? — Peut-elle nous montrer que les espèces sont allées en se perfectionnant d'une manière continue? — Peut-elle nous montrer des formes intermédiaires entre les espèces? — Si à ces trois questions elle nous répond par la négative, nous en conclurons que le passé tout entier condamne le transformisme.

ARTICLE I.

LA PALÉONTOLOGIE PEUT-ELLE NOUS MONTRER DES CHANGEMENTS D'ESPÈCE?

§ I. — Stabilité des espèces dans les temps quaternaires.

30. Plusieurs espèces d'animaux et de plantes servent de trait d'union entre l'époque actuelle et les temps paléontologiques. Il en est qui remontent non seulement à l'époque quaternaire, mais jusqu'à l'époque tertiaire. Si les évolutionistes prétendent que les temps historiques n'ont pas suffi pour amener des changements d'espèce, ils ne pourront pas alléguer la même raison pour ces temps auxquels ils se plaisent généralement à attribuer une longueur démesurée.

Les causes de variations n'ont pas manqué non plus pendant cette période que l'on nous représente comme si tourmentée, pendant laquelle d'immenses glaciers ont envahi l'Europe et ont fait succéder, même, prétend-on, à plusieurs reprises, un climat polaire à un climat tropical :

ceux qui les ont suivis. Dans le règne végétal on voit apparaître d'abord les algues marines et les cryptogames inférieurs, puis les cryptogames acrogènes, les dicotylédones gymnospermes et enfin nos plantes actuelles qui ont commencé à se développer à partir seulement de l'époque tertiaire. Dans le règne animal, c'est une succession analogue de formes, surtout si l'on envisage les choses à un point de vue général. Ce sont les zoophytes et les mollusques qui se montrent les premiers, les poissons viennent ensuite, puis les reptiles, les oiseaux et les mammifères.

Si maintenant on envisage les règnes organiques dans l'espace et que l'on compare entre eux tous les êtres de la nature, on voit encore la perfection des formes et la complexité des organes se succéder par degrés souvent insensibles, depuis l'imperceptible moisissure, dont le microscope seul peut nous révéler l'existence, jusqu'aux plus grands arbres qui nous abritent sous leur ombrage, depuis l'humble lichen qui tapisse d'arides rochers, jusqu'aux plus belles fleurs de nos parterres ; et dans le règne animal, depuis le plus petit des infusoires, jusqu'à l'éléphant, jusqu'au singe et même jusqu'à l'homme. Il suffit pour s'en convaincre d'examiner les classifications dont se servent les naturalistes pour ranger par ordre tous les êtres vivants ; chacun d'eux y trouve sa place suivant son degré plus ou moins parfait d'organisation. Entre les formes les plus disparates, il y a des formes de passage qui, si elles ne sont pas aussi nombreuses qu'on pourrait le désirer, sont là du moins comme des jalons qui nous indiquent le chemin suivi par la nature.

Or cette succession de formes, ce rapprochement qui existe entre les êtres, n'a pas d'explication *scientifique* possible, si l'on n'a pas recours à la théorie de l'évolution.

Réponse. — Réserve faite de ce que nous avons dit jusqu'ici, nous pouvons admettre cette argumentation. Ainsi nous admettons sans peine que la nature vivante, comme la nature fossile, se présente à nous avec un ordre admirable et nous allons même enchérir sur ce qui vient d'être dit à cet égard. Nous admettons également qu'on ne peut pas en donner d'explication *scientifique,* si l'on entend par là une explication donnée en excluant l'action divine. Mais nous n'admettons pas qu'on n'en puisse donner une explication parfaitement rationnelle et satisfaisante sans recourir à la théorie de l'évolution.

Et en effet qu'indique ce bel ordre qui brille dans la nature ? Il indique que la nature n'est pas l'œuvre du hasard, avec autant de certitude qu'un édifice parfaitement ordonné proclame l'action de l'architecte qui en a combiné et disposé tous les détails.

Cet ordre, qui relie tous les êtres dans un ensemble si harmonieux, révèle un plan conçu par une intelligence supérieure. Quand on considère l'ensemble des mammifères, des oiseaux, des reptiles et des poissons et l'immense variété des espèces qu'ils comprennent ; quand on voit en même temps que tous ces êtres si divers sont tous réunis par un lien commun, par un même plan de structure ; quand on remarque que, dans les trois autres embranchements du règne animal, les articulés, les mollusques et les rayonnés, se révèlent des plans non moins harmonieux, on ne peut pas se refuser à voir là l'œuvre d'une intelligence capable des généralisations les plus vastes et des conceptions de l'ordre le plus élevé, et il faut pousser l'aveuglement jusqu'à ses dernières limites, pour croire qu'une force fatale et inintelligente a pu produire cet ensemble si bien ordonné, et en même temps si vaste, que les naturalistes les plus éminents n'ont pu l'embrasser et le comprendre qu'après les recherches les plus laborieuses et les plus persévérantes.

C'est pour échapper à cette conclusion logique et inévitable que l'école matérialiste a embrassé si chaudement le système de l'évolution, et s'efforce de nous faire accepter comme *scientifique* une théorie qui prétend que l'ordre et l'harmonie de l'univers n'ont pas d'autre cause qu'une loi aveugle et aussi incapable de concevoir un plan que de l'exécuter.

Pour nous, nous ne pouvons attribuer un édifice disposé avec tant d'art et de sagesse qu'à une intelligence capable de le produire, et nous ajoutons à une intelligence libre qui n'est pas enchaînée par la fatalité, qui, tout en plaçant les êtres les uns près des autres dans le cadre de la nature, n'a pas voulu qu'ils se touchent et a mis entre leurs espèces une limite infranchissable, protestant ainsi d'avance contre ceux qui voudraient faire des uns la cause directe et immédiate des autres.

49. 2ᵉ *Objection.* — Cette absence d'intermédiaires entre les espèces est bien une des difficultés les plus sérieuses que soulève la théorie de

l'évolution ; Hœckel et Darwin lui-même sont obligés de l'avouer, aussi s'efforcent-ils de la tourner. Voici comment Darwin essaie d'y échapper : « Pour ma part, suivant une métaphore de Lyell, dit-il, je considère les données géologiques comme une histoire du monde tenue avec négligence et rédigée en un dialecte changeant. De cette histoire nous ne possédons que le dernier volume, qui a trait à deux ou trois contrées seulement. De ce volume, çà et là on rencontre un court chapitre conservé ; et de chaque page il ne reste que quelques lignes éparses. Les mots de la langue lentement changeante, plus ou moins différents dans les chapitres successifs, représenteraient ainsi les formes variables de la vie qui sont ensevelies dans les couches fossilifères et qui semblent, mais faussement, s'être produites soudainement. D'après cette manière de voir, les difficultés examinées plus haut sont considérablement amoindries ou même disparaissent. »

Ainsi quand on objecte que les formes intermédiaires entre les types spécifiques ne se retrouvent nulle part dans les couches fossilifères,

« Darwin répond : cela est vrai, mais nous ne possédons malheureusement que le dernier volume de l'histoire du monde, et tous les renseignements demandés se trouvent dans les volumes qui sont égarés. »

« Très bien ! mais la série des couches fossilifères que nous possédons est déjà bien considérable, et comment se fait-il que d'une faune à celle qui lui succède, on ne trouve nulle part les formes intermédiaires ? »

« C'est, nous dit encore Darwin, que dans notre dernier volume, la plupart des chapitres manquent, et c'est dans les chapitres manquants que se trouvent les indications désirées. »

« Ou bien si elles se trouvent dans les chapitres conservés, comme chaque page ne renferme plus que quelques lignes, il est à croire que ce sont précisément les lignes utiles qui ont disparu, et c'est cette disparition qui fait à son tour disparaître la difficulté. »

« Eh bien ! nous en appelons à tous les savants dégagés de l'esprit de système : est-ce là faire de la science sérieuse? Évidemment c'est le renversement de toute vraie méthode scientifique. Ici, en effet, au lieu d'expliquer les faits obscurs en s'appuyant sur les faits connus, on recuse, au contraire, comme insuffisant, le témoignage de ceux-ci, en faisant continuellement appel à l'inconnu. Ce n'est pas sur les faits acquis en paléontologie, sur les découvertes que la science a *faites*, qu'on érige le système : non, c'est sur les découvertes qui *restent à faire* (1). »

Non seulement Darwin torture la logique en recourant à une pareille échappatoire, mais il fausse aussi les faits : il n'y a pas dans l'histoire du monde paléontologique tant de volumes disparus, tant de pages égarées, tant de lignes illisibles qu'il veut bien le dire.

« Les recherches des géologues et des paléontologues n'ont pas été restreintes à deux ou trois contrées. Les terrains paléozoïques ont été explorés dans les îles Britanniques, en France, en Allemagne, en Bohême, en Espagne, en Portugal, en Sardaigne, dans les Alpes, en Scandinavie, en Russie, sur un très grand nombre de points de l'Asie, dans les deux Amériques, dans l'Afrique méridionale et en Australie. Les flores et les faunes fossiles, partout recueillies dans ces terrains, ont été soigneusement décrites ; celles qui appartenaient à une localité ont été minutieusement comparées avec celles des autres contrées. Les régions où l'on a étudié les terrains secondaires, tertiaires et quaternaires sont encore plus

(1) Lecomte, p. 76 et 77.

nombreuses : leurs fossiles ont été décrits et comparés avec le même soin que ceux des couches antérieures. On a ainsi découvert plus de 25,000 fossiles. Or, ces espèces sont distribuées dans un ordre tout différent de celui qu'elles devraient présenter, si les théories transformistes étaient fondées. Toutes ces espèces ont des caractères aussi définis que ceux des espèces actuelles. On devrait y trouver une foule de formes transitoires ; pas une ne peut être à bon droit regardée comme telle (1) ! »

50. 3ᵉ *Objection*. — Les découvertes récentes de la paléontologie ont déjà comblé bien des vides et établi entre des espèces disparates des liaisons qu'on ne soupçonnait pas. On peut espérer que de nouvelles recherches, pratiquées dans des lieux encore inexplorés et continuées avec persévérance, viendront à la longue remplir la plupart des lacunes qui existent encore dans la série des êtres.

Réponse. — Nous ne saurions mieux faire pour

(1) De Valroger, p. 220.

montrer combien est vain cet espoir des transformistes que d'emprunter la réponse suivante de M. Contejean, juge peu suspect de partialité pour les doctrines spiritualistes.

« Ces splendides perspectives, dit-il, ne sont au fond que des mirages trompeurs. Cette chaîne unique des êtres eut-elle une existence incontestable, la difficulté qu'on a trop souvent perdue de vue, serait de démontrer le passage d'une espèce à une autre et de faire connaître les formes qui les réunissent. Avec un peu d'attention on ne tarde pas à se convaincre que les intermédiaires entre classes, ordres, genres et même espèces n'ont aucune signification, puisqu'ils laissent subsister d'énormes hiatus. Les découvertes incessantes de la paléontologie prouvent seulement que les cadres du monde organique, envisagé dans son ensemble, sont infiniment plus complets que ceux de la nature vivante. Les familles, les genres, les espèces fossiles viennent s'intercaler entre d'autres familles, d'autres genres, d'autres espèces sans que, pour autant, la distance qui sépare les types spécifiques ait jamais diminué. Je comparerais volontiers les espèces aux soldats d'une compagnie qui reçoit des recrues : les rangs se serrent, mais les hommes ne s'en distinguent pas moins les uns des autres.

C'est donc entre les espèces qu'il importerait de découvrir des termes moyens, mais on peut affirmer hardiment que ces termes moyens n'existent pas. A moins de supposer que les espèces passent de l'une à l'autre par sauts brusques et sans transition (ce qui serait contraire à la doctrine transformiste), il faut admettre, en effet, que les nombreuses étapes qui marquent la transformation entre deux types spécifiques voisins, sont représentées, chacune, par une forme particulière qu'on devrait retrouver à l'état fossile. Ces formes de passage seraient donc innombrables et, en tout cas, infiniment plus fréquentes que les formes représentant les espèces connues ; en outre (et je ne puis assez insister sur ce point), les types spécifiques, noyés dans cette multitude d'intermédiaires, ne pourraient plus être distingués les uns des autres, en d'autres termes, n'existeraient pas. Or c'est le contraire qui a lieu (1). »

51. 4ᵉ *Objection.* — Pour expliquer l'absence d'intermédiaires entre les espèces, les transformistes ont imaginé la théorie des migrations ; ils prétendent que ce n'est pas sur les lieux mêmes

(1) *Revue scientifique*, citée par la *Controverse*, juillet 1881, p. 54.

que les espèces ont changé, mais qu'elles se sont transportées ailleurs, et que là, sous l'influence d'un milieu et d'un climat différents, elles se sont métamorphosées en de nouvelles espèces.

Réponse. — Cette hypothèse des migrations est complètement gratuite. S'il existe des formes intermédiaires entre deux espèces voisines, c'est évidemment dans les lieux mêmes où ces espèces ont vécu qu'il faut les chercher. Les climats et les milieux ont assez varié sur place, sans qu'il soit nécessaire de supposer ces voyages lointains. S'il faut imaginer, pour chaque espèce, un voyage assez long pour qu'elle pût changer de climat, combien faudra-t-il en supposer? Qu'y a-t-il de plus invraisemblable que ces voyages sans nombre? Et comment se fait-il que ces espèces voyageuses n'aient pas laissé çà et là des traces de leurs migrations et de leurs intermédiaires? Enfin, si elles sont revenues au lieu de leur première origine, comment, en retrouvant le même milieu qu'autrefois, n'ont-elles pas repris leur ancienne forme? Voilà bien des questions auxquelles les transformistes devraient répondre pour justifier cette théorie commode, mais invraisemblable, des migrations.

CHAPITRE IV.

52. L'argument que nous allons développer ici
n'atteint pas les transformistes spiritualistes qui,
tout en admettant le principe de l'évolution, le
font dépendre de l'action de Dieu dirigeant par
son intelligence et déterminant par sa puissance
cette transformation des êtres.

Nous attaquons donc spécialement dans ce
chapitre le transformisme matérialiste et athée,
et voici comment nous formulons notre thèse :

Des causes aveugles et fatales n'ont pu produire
les organes admirablement combinés
que nous trouvons dans les êtres vivants.

Le plus simple bon sens nous dit que l'effet
doit être proportionné à la cause, en d'autres
termes, qu'il ne faut pas demander à une cause
ce qu'elle est incapable de produire. Or c'est là

pendant laquelle des fleuves gigantesques, alimentés soit par la fonte des neiges, soit par des pluies torrentielles, ont profondément raviné et bouleversé le sol et en ont changé l'aspect. Que peut-on demander de plus propre à changer les conditions de l'existence et à provoquer la transformation des espèces, organiques si cette transformation leur est naturelle?

La faune de cette époque était très riche et très variée; on y voyait le singulier contraste d'espèces dont on ne trouve plus maintenant les congénères que dans les régions tropicales, vivant côte à côte avec des espèces qui sont actuellement reléguées dans les régions polaires.

De toutes ces espèces, les unes se sont éteintes, les autres ont émigré vers d'autres contrées, d'autres enfin ont survécu et se trouvent encore aujourd'hui dans les contrées tempérées de l'Europe, ou ont été détruites récemment par l'homme, mais aucune n'a changé (1).

(1) Voici d'après M. Dupont (*) l'énumération des mammifères de l'époque quaternaire et ce que sont devenues actuellement ces espèces :

Espèces éteintes,

Elephas primigenius ou mammouth, — elephas antiquus, — rhi-

(*) *L'Homme pendant les âges de la pierre dans les environs de Dinan-sur-Meuse*, p. 41, cité par R. P. Haté.

des périodes de froid. Il a constaté que les espèces ensevelies dans les grottes sont exactement
les mêmes que celles qui les fréquentent encore
aujourd'hui. « Elles sont tellement semblables
les unes aux autres, que celles qui se trouvent le
plus abondamment aujourd'hui, sont aussi celles
qui ont laissé le plus de débris (1). »

Le même naturaliste affirme qu'il en est ainsi
des autres animaux qui vivaient dans les mêmes
stations : mammifères, mollusques, reptiles, etc.
« Toutes ces espèces sont encore aujourd'hui ce
qu'elles étaient autrefois. Le renard a continué
de vivre à côté du loup, la belette à côté du pu-
tois et de la fouine. Les restes de tous ces animaux sont si complètement semblables à ceux
qui vivent encore aujourd'hui sur les lieux, qu'on
ne saurait pas même découvrir une différence de
taille (2). »

32. Le règne végétal nous fournit des faits
tout aussi certains et aussi concluants.

----

(1) Van Beneden, *Revue générale*, novembre 1871, p. 556-568,
cité par l'abbé Lecomte, *le Darwinisme*, p. 54.
(2) L'abbé Lecomte, *ibid.*, p. 55.

On a découvert dans le canton de Zurich des débris organiques qui remontent au moins avant la dernière période glaciaire. Ils sont en effet renfermés dans des lignites recouverts d'un diluvium, et sur celui-ci reposent des moraines et des blocs erratiques dont on rapporte l'origine à cette époque.

Or, parmi ces débris M. Heer, dont l'autorité dans l'étude des plantes fossiles est incontestable, a reconnu des végétaux qui vivent encore actuellement dans les Alpes. Il y a découvert le pin sylvestre, l'if, le mélèse, le bouleau, le chêne, l'érable et jusqu'aux deux variétés de noisetiers qui tapissent encore nos collines; il a reconnu en même temps que ces espèces avaient traversé cette longue suite de siècles sans subir la moindre modification (1).

Ainsi donc les restes organiques que nous a laissés l'époque quaternaire, donnent un démenti formel aux théories transformistes et établissent nettement la fixité des espèces.

(1) Faivre, ouvrage cité, p. 174.

§ II. — Stabilité des espèces aux époques tertiaires
et secondaires.

33. Si nous remontons plus haut encore dans
la série des terrains paléozoïques, nous retrouvons la même permanence des formes.

D'après Agassiz les polypiers qui ont construit
les bancs de coraux du golfe du Mexique, sont
restés semblables à eux-mêmes depuis plus de
deux cent mille ans. Suivant les calculs du célèbre naturaliste, il leur a bien fallu ce laps de
temps pour accumuler cette énorme quantité de
calcaire madréporique qui s'étend sur l'espace de
deux degrés en latitude, et compose la presqu'île
tout entière de la Floride (1).

M. G. Pouchet nous fournit sur l'existence des
fourmis à l'époque *tertiaire* et même à l'époque
jurassique le renseignement suivant ; il importe
d'autant plus de le remarquer qu'il vient d'un
partisan déclaré du darwinisme : « Les fourmis,
dit-il, sont plus vieilles sur la terre que le mon-

______

(1) Agassiz, *de l'Espèce*, p. 80.

Blanc. Elles existaient déjà aux temps jurassiques, *assez peu différentes de ce qu'elles sont de nos jours.* Tandis qu'une mer intérieure cachait encore l'emplacement où devait être plus tard Paris, elles pullulaient dans les régions émergées du centre de l'Europe. Leurs débris remplissent d'épaisses couches de terrain à Œningen, sur les bords du lac de Constance, et à Radoboj en Croatie ; la roche est noire de fourmis, toutes admirablement conservées avec leurs pattes et leurs antennes. MM. Heer, de Zurich et Mayr, de Vienne, en ont trouvé plus de cent espèces dans les seuls cantons d'Œningen et de Radoboj : *plusieurs paraissent identiques aux espèces actuelles.* »

Le même auteur ajoute : *Les larves de phryganes se faisaient déjà, comme aujourd'hui, les étuis où elles se logent et qu'elles traînent partout avec elles.* On en a trouvé à Œningen (1). » Elles ne sont pas rares dans les terrains tertiaires de l'Auvergne ; on en trouve en abondance à Gergovie, à Chaptuzat, etc.

Enregistrons encore cette observation de

(1) *Revue des Deux-Mondes*, 1ᵉʳ février, 1870, p. 702. De Valroger, p. 97.

M. de Saporta relative aux terrains secondaires :
« Les insectes et les mollusques d'eau douce des
terrains *secondaires* diffèrent assez peu des nôtres ; à cet égard la nature a beaucoup moins
changé depuis des temps très reculés qu'on ne le
croit généralement (1). »

Ces aveux de deux transformistes aussi connus que MM. Pouchet et de Saporta méritent
d'être particulièrement signalés.

§ III. — Stabilité des espèce à l'époque primaire.

34. Dans le terrain houiller, prenons pour té-
moin M. Grand'Eury qui a fait une étude si
savante et si complète de la flore carbonifère
du département de la Loire et du centre de
la France : « Y a-t-il eu, se demande-t-il, transformation successive des espèces les unes dans
les autres, suivant l'hypothèse séduisante de
Darwin, ou des interventions constantes de la

____

(1) *Revue des Deux-Mondes*, 1ᵉʳ octobre, 1869, p. 640. De Valroger, p. 96.

force créatrice, suivant Bronn? Le fait est qu'on ne voit pas les espèces se modifier à la longue dans le sens des espèces voisines et plus récentes. Certaines espèces isolées varient bien, ce semble, quelquefois, mais dans un cercle qu'elles ne franchissent pas ; et, *au lieu de se préparer, à leur déclin, à engendrer d'autres espèces, on les voit plutôt s'affaiblir et disparaître* (1). » C'est précisément ce que nous avons déjà constaté à l'époque quaternaire.

35. Le terrain carbonifère nous fournit encore un autre exemple qui nous montre que tous les organismes, même les plus élémentaires, sont assujétis à cette immutabilité de formes. M. le comte Castracane a trouvé des diatomées dans les diverses espèces de houille. La comparaison qu'il en a faite avec les diatomées contemporaines, l'a convaincu qu'elles étaient exactement de même espèce que celles qui se trouvent actuellement dans les eaux douces (2).

Pour le terrain silurien, nous ne pouvons trouver un meilleur guide que M. Barrande

(1) Grand'Eury, *Flore carbonifère*, p. 488.
(2) *Les Mondes*, t. 52, p. 815.

qui a consacré une grande partie de sa vie à
l'étude du terrain silurien de la Bohême ; personne, parmi les spécialistes qui s'occupent de
paléontologie, n'a plus d'autorité que lui pour
en parler. Voici ce qu'il a constaté à l'égard
des tribolites, qui sont les animaux les plus caractéristiques de cette époque et qui se retrouvent à tous les étages du terrain silurien. Sur
350 espèces qu'il a étudiées avec soin, *il en a
seulement trouvé* 10 qui ont subi quelques variations d'importance secondaire, dans la taille, la
grosseur des yeux, le nombre correspondant des
lentilles, le nombre d'articulations visibles au
pigidium et le nombre des pointes ornementales.
D'ailleurs ces variations étaient *purement tempo-
raires* et il a constaté, dans la plupart des cas,
le retour à la forme primitive (1) ; elles étaient
donc de celles qui se rencontrent facilement dans
les limites de l'espèce et qui ne constituent que
des variétés.

Ainsi aucune des 350 espèces n'a produit
une nouvelle forme spécifique distincte et permanente. Cependant le temps et la variété des
milieux n'a pas manqué pour amener un tel
changement, puisque les terrains siluriens for-

(1) *Revue générale de Bruxelles,* novembre 1871, p. 560. De
Valroger, p. 225.

ment une assise d'au moins 5,000 mètres, composée de couches très diverses par leur constitution minéralogique.

Nous ne citons que ce seul exemple, pour ne pas être trop long et pour ne pas entrer dans des détails trop spéciaux et trop arides ; mais tout l'ensemble des travaux si complets et si consciencieux de M. Barrande sur la faune silurienne, conduit aux mêmes conclusions, comme on peut le voir dans ses ouvrages, ou dans le compte-rendu qu'en fait M. de la Vallée Poussin (1).

De cet ensemble si considérable de faits pris à toutes les époques géologiques et dans les circonstances climatériques les plus diverses, que ressort-il, sinon la fixité absolue des espèces, et la condamnation du transformisme.

(1) *Revue des questions scientifiques de Bruxelles*, 1878, 1er vol. p. 262.

ARTICLE II.

LA PALÉONTOLOGIE PEUT-ELLE NOUS MONTRER QUE LES ESPÈCES SONT ALLÉES EN SE PERFECTIONNANT?

36. Abordons la seconde question que nous avons posée à la paléontologie et demandons-lui si les espèces sont allées en se perfectionnant d'une manière continue à travers les anciens âges (1).

Ce perfectionnement suivi et non interrompu, à tous les degrés de l'échelle des êtres, est un principe du transformisme et tout à la fois une nécessité du système.

(1) Qu'il y ait eu dans l'ensemble des règnes organiques un certain progrès qui s'est manifesté en suivant l'ordre des temps, c'est une chose admise par tout le monde. L'homme, apparu le dernier sur le globe, est plus parfait que tous les êtres qui l'ont précédé; les mammifères des temps tertiaires et quaternaires ont une organisation plus élevée que les dinosauriens des temps secondaires; ceux-ci l'emportent sur les poissons, etc.; mais cela ne suffit pas pour justifier les théories des transformistes; il faut un perfectionnement continu qui, partant de l'être le plus inférieur, de la simple cellule vivante dont ils font leur point de départ, nous conduise sans interruption jusqu'aux êtres qui possèdent l'organisation la plus complète.

Ce principe serait évidemment contredit par les faits, si la paléontologie nous montrait 1° que les différents embranchements du règne animal ne se sont pas développés dans l'ordre de leur perfection relative, mais ont apparu simultanément ; 2° que ce ne sont pas toujours les genres les moins parfaits qui se sont montrés les premiers. Or, nous allons constater qu'il en est réellement ainsi, et que la paléontologie donne encore sous ce nouveau rapport un démenti au transformisme.

§ I. — Les embranchements du règne animal ne se sont pas développés dans l'ordre de leur perfection relative.

37. « On croyait naguère encore (1), que les animaux inférieurs avaient fait les premiers leur apparition sur la terre, et qu'après eux s'étaient successivement montrés des types de plus en plus élevés, jusqu'à ce qu'enfin l'homme couronnât la série... On reconnaît aujourd'hui que, tout au contraire, il a existé *simultanément,* dans les formations géologiques *les plus anciennes,* des représentants de nom-

(1) Agassiz, *de l'Espèce,* p. 32 et 33.

breuses familles appartenant aux quatre grands
embranchements du règne animal... Il est établi
par des faits innombrables que l'idée d'une succession graduelle des rayonnés, des mollusques,
des articulés et des vertébrés est pour toujours
hors de cause. On a la preuve indubitable que les
rayonnés, les mollusques et les articulés se rencontrent partout ensemble dans les terrains les
plus anciens, que les plus précoces d'entre les
vertébrés leur sont associés et que tous ensemble
se continuent à travers les âges géologiques jusqu'au temps actuel. »

On ne peut donc pas dire que l'un de ces
types dérive de l'autre par voie de perfectionnement, puisqu'aucun d'eux n'est plus ancien que
l'autre.

§ II. — Ce ne sont pas les genres les moins parfaits qui se sont développés les premiers.

38. Si on remonte à l'époque de la première manifestation de la vie sur le globe, à l'époque silurienne, on voit que « ce n'est pas toujours par leurs
représentants les plus dégradés que commencent
les classes et les familles. Les crinoïdes occupent
en effet un rang élevé dans l'embranchement des

radiés, et cette famille commence par ses types les plus perfectionnés ; les céphalopodes sont les plus parfaits des mollusques, et les premiers poissons, tous hétérocerques, … l'emportent, à presque tous égards, sur ceux qui peuplent nos mers. Ces faits, désormais incontestables, s'accordent mal avec la doctrine de la transformation des espèces et de leur perfectionnement continu (1). »

La faune carbonifère nous offre des exemples du même genre. Les batraciens s'y montrent pour la première fois, et ils commencent par les labyrinthodontes qui sont de beaucoup supérieurs aux batraciens ordinaires (2). C'étaient des batraciens gigantesques, nos grenouilles et nos crapauds modernes auraient eu pour atteindre leur taille autant d'efforts à faire que la grenouille de La Fontaine pour égaler celle d'un bœuf.

Les reptiles font aussi leur première apparition dans le terrain carbonifère. Parmi les animaux qui les avaient précédés sur le globe, ceux qui

(1) Contejean, p. 555.
(2) Contejean, p. 579.

5.

présentent avec eux le plus d'affinité et d'où il semble qu'ils auraient dû dériver, sont les poissons, et par conséquent les premiers représentants de cette classe auraient dû être les reptiles sans membres, les serpents, qui se rapprochent, plus qu'aucun autre reptile, de la classe des poissons; or ce sont au contraire des animaux de la famille des lézards, qui sont plus parfaits que les serpents, car la nécessité de ramper ne l'emporte pas sans doute en perfection sur la faculté de marcher.

Dans le règne végétal de la période carbonifère nous nous trouvons en présence des mêmes faits ; nous nous appuyons pour le dire sur l'autorité de M. Grand'Eury (1) : « un fait, dit-il, qui frappe d'autant plus qu'il a trait aux plantes fossiles les plus analogues aux plantes vivantes, c'est la plus grande perfection des premières, en opposition complète avec l'hypothèse du développement progressif. » M. Grand'Eury cite comme partageant son opinion MM. Stur, Hooker et Gœppert.

(1) *Flore carbonifère*, p. 318.

39. Les animaux qui donnent à l'époque secondaire son caractère principal, les reptiles, sont en progrès sans doute sur les reptiles du terrain carbonifère, mais ils le sont bien davantage encore sur les reptiles tertiaires et modernes. Ces dinosauriens gigantesques pourvus de membres qui leur permettent, soit de marcher, soit de nager, soit même de voler, l'emportent incontestablement, par l'organisation aussi bien que par la taille, sur nos reptiles actuels.

« La classe des reptiles n'a donc pas obéi à la loi du perfectionnement organique continu. Elle a débuté par des types de l'ordre des lézards et par quelques autres de familles encore douteuses, mais, à coup sûr, d'une élévation moyenne ; elle fournit ensuite ses modèles les plus perfectionnés (crocodiles, tortues, dinosauriens), pour décliner bientôt, et produire en dernier lieu des serpents (1). »

40. Enfin on peut demander aux transformistes de nous dire en quoi nos mammifères actuels seraient en progrès sur les mammifères de l'époque tertiaire : sont-ils mieux organisés, soit

(1) Contejean, p. 641.

pour la marche, soit pour l'attaque, soit pour la défense ; l'emportent-ils, soit par la force, soit par la taille ? Il serait bien difficile de le soutenir et encore plus de le prouver.

Ainsi à aucune des époques géologiques nous ne voyons s'imposer comme une loi de la nature ce progrès continu que les transformistes matérialistes et athées ont inventé, et avec lequel ils prétendent expliquer le bel ordre qui règne dans le monde sans l'intervention de l'intelligence et de la puissance divines. Nous voyons souvent au contraire les formes les plus parfaites et les organismes les plus complets et les plus élevés se montrer tout d'abord, et les genres moins parfaits ne se montrer que plus tard.

ARTICLE III.

LA PALÉONTOLOGIE PEUT-ELLE NOUS MONTRER DES FORMES INTERMÉDIAIRES ENTRE LES ESPÈCES ?

41. Nous avons reconnu précédemment (1) la

(1) Chap. I, § II.

nécessité des formes intermédiaires dans le système transformiste pour expliquer le passage graduel d'une espèce à une autre, et nous avons constaté que ces formes intermédiaires manquaient dans la nature vivante ; les trouverons-nous du moins dans la nature morte et ensevelie dans le sein de la terre depuis l'origine de la vie sur le globe? Nous ne les y trouverons pas davantage.

§ I. — On ne trouve pas de formes intermédiaires dans les terrains primaires.

C'est dans les mers siluriennes que se sont montrés les premiers êtres appartenant d'une manière certaine aux règnes organiques ; or qu'y remarquons-nous? La vie y a fait irruption d'une manière soudaine et s'est manifestée presque dès le premier instant sous une multitude de formes. On y voit apparaître presque en même temps et brusquement des polypiers, des graptolithes, d'innombrables mollusques brachiopodes, des mollusques acéphales et gastéropodes, des céphalopodes fort nombreux, des tribolites extrêmement variés, etc.,

etc. (1). En un mot la faune silurienne compte plus de dix mille espèces, et à certains égards elle est, d'après M. Barrande, plus riche que la faune tertiaire. Où sont les ancêtres de toute cette légion? Par quelles phases intermédiaires ont-ils passé pour arriver de la simple cellule vivante, de la *monère* d'Hœckel, de quelque légendaire *Bathybius* (2), à ces formes animales déjà très élevées et très complexes? Par quel heureux hasard cette forme primitive, cellule, monère, ou bathybius est-elle arrivée à se façonner ces dix mille habits différents? Voilà des problèmes dont la solution ne serait pas sans intérêt,... si on pouvait la trouver.

On a découvert, il est vrai, au Canada dans le terrain laurentien et depuis lors dans quelques autres localités, un être que l'on a prétendu appartenir aux foraminifères et que l'on a appelé *Eozoön canadense*, comme représentant l'aurore de la vie (ἠώς, aurore, et ζῶον, animal). Ce serait là, pour les évolutionistes, l'illustre ancêtre de toute cette nombreuse génération. Mais tous les naturalistes ne s'accordent pas à voir un organisme dans cette forme que l'on ne distingue bien qu'au

(1) Contejean, p. 582 et 555.
(2) Deuxième partie, chap. Iᵉʳ, art. 1ᵉʳ, nᵒ 93.

microscope ; il en est qui la regardent comme le résultat de perforations et de fentes dues à une cause purement mécanique (1).

Toutefois admettons, si l'on veut, que ce soit un animal ; le problème n'est pas résolu pour cela, car d'un côté, à partir du niveau où l'on a trouvé l'Eozoon, les couches sédimentaires se succèdent sur une épaisseur de plusieurs milliers de mètres (2) avant que l'on ne trouve de fossiles, et, d'autre part, il y a loin de la forme rudimentaire de ce premier représentant de l'animalité aux formes si variées de la faune silurienne.

Comment les évolutionistes pourront-ils combler cette lacune? C'est, diront-ils, le métamorphisme, la nature minérale du terrain ou d'autres causes inconnues qui ont fait disparaître les formes intermédiaires. Les hypothèses ne coûtent rien et l'école évolutioniste en est prodigue ; nous verrons plus loin (132), ce qu'il faut penser de cette manière de se tirer d'embarras. Admirons seulement ici le singulier hasard qui, de toutes les formes antérieures à la faune silurienne, ne nous a conservé que ce lointain ancêtre, et qui a si bien combiné les choses, que toutes les formes

(1) Contejean, p. 530. Van Beneden, cité par l'abbé Lecomte, « Darwinisme, p. 72.
(2) Contejean, p. 531.

intermédiaires ont diparu partout, exactement pendant la même période de temps, pour laisser à la fossilisation la liberté d'agir juste au moment où apparaissent les formes définitives et immuables.

Nous pourrions parcourir les différentes étapes de la vie sur le globe et montrer partout l'apparition soudaine de nouveaux types et l'absence de formes de passage entre les flores et les faunes des diverses époques géologiques. Nous nous bornerons aux traits les plus saillants.

42. La flore carbonifère qui représente le plus grand épanouissement de la vie végétale sur le globe, avait été précédée de la flore dévonienne; mais ce sont les mêmes types qui caractérisent ces deux flores; on y trouve des calamites, des stigmaria, des sigillaria, des lépidodendron, des conifères et des fougères (1). La flore silurienne ne contient que des algues, sauf dans ses couches supérieures où elle confine avec la flore dévonienne (2); or quelle transition, quels rapports de structure et de forme, y a-t-il entre ces humbles plantes marines et les végétaux dévoniens,

(1) Contejean, p. 566. Credner, p. 394.
(2) Contejean, p. 563. Credner, p. 369.

tous de grande taille, souvent même de dimensions colossales (1) et d'une structure déjà très
élevée et très complexe.

§ II. — On ne trouve pas de formes intermédiaires dans les terrains secondaires et tertiaires.

43. I. — A l'époque secondaire nous nous trouvons subitement en présence de reptiles aussi
étranges par leur forme que gigantesques par
leurs dimensions. Où trouve-t-on les devanciers
des plésiosaures, des ichthyosaures, des ptérodac-
tyles, des mégalosaures, des iguanodons? Sans
ancêtres comme sans successeurs, ils apparaissent
brusquement et disparaissent de même, sans
laisser d'autres traces de leur apparition sur le
globe que leurs monstrueux débris.

On a voulu présenter l'archœopteryx litho-
graphica, cet animal singulier, pourvu d'une queue
composée de vingt vertèbres dont chacune était
garnie de deux plumes latérales, comme une
transition entre les reptiles et les oiseaux ; mais
Huxley et Darwin lui-même le rangent parmi
ceux-ci. Le professeur Owen, ostéologue expéri-
menté, a démontré que c'est incontestablement

____

(1) Contejean, p. 567.

un oiseau et que ceux de ses caractères qui sont
anormaux, sont loin d'être ceux d'un vrai reptile. En supposant d'ailleurs que cet animal eût
quelques caractères communs avec les reptiles,
l'étrangeté de sa forme en fait une espèce parfaitement caractérisée et séparée de toutes les
autres (1). Et puis que serait-ce qu'une seule
espèce intermédiaire entre deux classes aussi différentes que les reptiles et les oiseaux, tandis
qu'il en faudrait des centaines? Les remarques
qui précèdent s'appliquent également aux oiseaux fossiles découverts dans le Kansas en Amérique. Ces oiseaux dont les vertèbres sont bicon-
caves et dont le bec est pourvu de dents, sont des
espèces aussi caractérisées et aussi isolées que
l'archœopteryx.

44. II. — Les mammifères à leur tour sont-
ils précédés d'une généalogie? Les premiers que
l'on ait signalés sont le dromatherium sylvestre,
dans le trias de la Caroline du Nord, le microles-
tes antiquus et le phascolotherium Bucklandi
dans le jurassique. Ils appartiennent à la tribu

(1) Lecomte, p. 69.

des marsupiaux. Par quelle transition se rattachent-ils aux animaux qui les ont précédés sur la terre? Dérivent-ils des poissons ou des reptiles? Ce sont les classes qui en sont les plus voisines par leur organisation; mais par quelle distance n'en sont-ils pas séparés! et cependant on ne peut citer aucun être intermédiaire qui les y rattache. Ils ont apparu brusquement, sans que rien pût faire présager leur arrivée.

45. Ces premiers mammifères qui sont, si l'on veut, les moins élevés dans la série, sont-ils les ancêtres de ceux qui vont venir après eux? Tous ces mammifères de taille, de forme, de mœurs, d'aptitudes si variées, que nous allons voir peupler la terre aux temps tertiaires et quaternaires, en dérivent-ils et sont-ils rattachés entre eux par une succession non interrompue de formes presque semblables? Un livre qui a paru, il y a quelques années, semble le promettre par son titre : *Les enchaînements du monde animal dans les temps géologiques; mammifères tertiaires;* et en effet son auteur, M. Gaudry, se propose bien de montrer cette succession graduée d'intermédiaires pour en conclure la transformation des

espèces, du moins dans les limites restreintes du terrain tertiaire. Nous allons voir que ses preuves sont faibles et que cette conclusion n'est pas légitime.

Ce naturaliste a trouvé, il est vrai, dans les fouilles qu'il a faites en Grèce quelques types nouveaux qui viennent s'intercaller entre les espèces des genres cheval, éléphant, singe, etc.; mais que de lacunes restent encore à combler? Combien de genres dont les espèces sont encore séparées par d'énormes hiatus? surtout que de métamorphoses il faut admettre, à combien de suppositions gratuites il faut se résigner, pour établir le passage d'une espèce à une autre, et les faire remonter toutes aux premiers représentants des mammifères! Donnons-en un exemple.

M. Gaudry veut faire dériver notre bœuf de l'anthracotherium, et voici comment il établit *la possibilité* de cette transformation, seulement en ce qui regarde les membres : « *Il me semble* bien naturel de penser, dit-il, que les pattes si fines des ruminants *ont pu* provenir de la transformation des lourdes pattes des pachydermes. Quatre moyens *paraissent* avoir été employés pour arriver à produire cette simplification : 1° Déplacement des os ; exemple : le premier, le deuxième, le cinquième métatarsien et le premier cunéiforme se sont portés en arrière. — 2° Changement de forme des os ; exemple : la partie postérieure du troisième métatarsien s'est élargie pour soutenir le premier cunéiforme qui ne pouvait plus s'appuyer sur le deuxième métatarsien. — 3° Atrophie des os ; exemple : le premier et le deuxième cunéiforme, le deuxième et le cinquième métatarsien, le trapèze sont devenus très petits. — 4° Soudure des os. Je pense que le plus souvent les soudures se sont opérées dans l'ordre suivant : soudure du deuxième cunéiforme avec le troisième, etc. » Est-ce assez *d'hypothèses gratuites*, de *possibilités* et *d'apparences* invoquées! et s'il en faut déjà tant pour se figurer la transformation des membres, que n'en faudra-t-il pas pour transformer l'animal tout entier, pour passer par exemple de la dentition de l'anthracotherium dont les mâchoires étaient armées de grandes incisives et de puissantes canines, ce qui indique un animal carnivore, à la dentition du bœuf qui se nourrit exclusivement de végétaux ; pour passer de l'estomac du premier qui selon toutes les apparences avait un estomac simple, à l'estomac multiple des ruminants?

C'est à l'aide d'hypothèses aussi gratuites, de présomptions et de possibilités que M. Gaudry fait descendre le cheval, qui n'a qu'un seul sabot

et dont les mâchoires sont munies de quarante
dents, de l'acérotherium, qui a quatre doigts et
trente-deux dents de formes très différentes de
celles du cheval. Il suppose, pour arriver à cette
transformation, que l'acérotherium a passé successivement par les formes de palœotherium, de
paloplotherium, d'anchiterium et d'hipparion,
toutes formes nettement caractérisées et entre
lesquelles il faudrait aussi trouver des intermédiaires.

Pour les ordres des édentés, des rongeurs, des
insectivores, des cheiroptères, M. Gaudry avoue
que leurs espèces sont trop imparfaitement connues pour qu'il soit possible de bien raisonner
sur leurs enchaînements, et il nous dit des carnivores qu'ils ont été précédés dans les temps
géologiques par des espèces qui leur ressemblent
assez pour qu'il ne soit pas *déraisonnable* de les
croire leurs ancêtres.

Voilà qui n'est pas de nature à entraîner
une conviction bien arrêtée de la réalité des
enchaînements du monde animal, même *dans les
temps tertiaires* (1), et nous pouvons hardiment
conclure que, si M. Gaudry a enrichi la faune

____

(1) On peut voir une réfutation plus détaillée du livre de
M. Gaudry par le R. P. Hahé dans les *Études religieuses*, 1879,
2° vol., p. 239 et 616.

tertiaire de quelques types intermédiaires, les transitions trouvées ne sont pas la règle, mais l'exception, et les lacunes qui restent à combler, sont démesurément plus nombreuses que celles qui ont été comblées.

46. Terminons tout cet exposé en enregistrant cet aveu d'un partisan du transformisme. « Les ancêtres primitifs éteints des organismes de la période actuelle ne se laissent que très imparfaitement reconstruire à l'aide des documents géologiques, d'innombrables chaînons intermédiaires manquent, et il ne s'est conservé jusqu'à nous aucune trace des débris organiques des premiers âges. Les dernières divisions seulement de cet arbre généalogique, ramifié à l'infini, sont à notre disposition en nombre suffisant ; les dernières extrémités, les ramuscules seuls, se sont parfaitement conservés, tandis que des innombrables branches et rameaux, c'est à peine si l'on parvient, par-ci par-là, à en reconnaître quelque tronçon. C'est pourquoi il semble, dans l'état actuel de nos connaissances, tout à fait impossible de se faire une idée suffisamment exacte de cet arbre généalogique naturel des organismes ; et tout en admirant dans les tentatives de Hœckel tout à la

fois la sagacité et la hardiesse des spéculations, nous devons cependant reconnaître que jusqu'à présent, dans les détails, le champ reste libre à une quantité innombrable de possibilités, et que les vues de l'esprit dominent par trop à la place des preuves positives (1). »

47. Comme conclusion générale de ce paragraphe nous pouvons donc dire que les archives paléontologiques, depuis les plus anciennes jusqu'aux plus récentes, ne nous ont pas conservé ces liens de parenté si nécessaires pour rendre au moins vraisemblable le système évolutioniste.

48. 1re *Objection*. — Il y a dans la nature organique, soit qu'on l'envisage dans le temps, soit qu'on l'envisage dans l'espace, un ordre et une succession manifestes qui vont du plus simple au plus composé et au plus parfait.

Ainsi on ne peut nier que les êtres qui ont apparu les premiers sur la terre, ne fussent d'une organisation plus simple et moins parfaite que

(1) M. Clauss, *Traité de zoologie*, 2ᵉ édition française traduite par M. Moquin-Tandon, Paris, 1883.

manque cahier <u>6</u>

ce que demandent les transformistes, lorsqu'ils font dériver les uns des autres, par voie d'évolution et indépendamment de l'action de Dieu, tous les êtres vivants qui peuplent l'univers.

Quelles sont en effet pour eux les causes qui président à l'évolution des êtres, qui, de la matière inerte, font sortir la vie ; qui, de la plus simple cellule, de l'organisme le plus élémentaire, font dériver des êtres pourvus des organes les plus compliqués, les mieux adaptés à une fin ? Ces causes sont des forces aveugles, fatales et inintelligentes. De quelque nom que les transformistes les décorent, qu'ils les nomment lois de la nature, lutte pour l'existence, sélection naturelle, adaptation au milieu, etc., qu'ils appellent à leur aide toutes les forces physiques et chimiques, qu'ils les prennent isolément ou qu'ils les groupent ensemble, elles n'en seront pas moins, quand on exclut l'action de Dieu, des forces incapables de se proposer un but, de choisir des moyens pour l'atteindre et de les combiner pour les faire concourir à une fin.

Or, si nous étudions les êtres organisés, depuis ceux qui sont placés au plus bas degré de l'échelle jusqu'aux plus élevés dans la série, nous les trouvons pourvus d'organes parfaitement appropriés à leur nature et à leurs conditions d'existence ; d'organes souvent très complexes, dont toutes les parties ont leur place choisie, et sont savamment combinées pour atteindre une fin bien prévue et bien déterminée. Les exemples ne manquent pas ; chaque plante, chaque animal, chaque partie même des plantes ou des animaux pourraient nous en fournir. Dans les végétaux, quel admirable ensemble ne nous présentent pas les racines qui puisent la sève dans le sol, les vaisseaux qui la conduisent, les feuilles qui l'élaborent, les fleurs et les fruits où l'on reconnaît la prévision de l'avenir, qui prépare la perpétuité de l'espèce! Dans le règne animal, la nécessité d'une intelligence ordonnatrice et prévoyante apparaît d'une manière bien plus évidente encore. Quand on étudie en détail les organes de la digestion, de la circulation, de la respiration, de la locomotion, les organes des sens surtout ; quand on voit avec quel ordre chacune de leurs parties est disposée par rapport au tout, et comme elle vient à point nommé apporter son concours à la fonction de l'ensemble ; quand on voit tous ces organes réunir à leur tour leur action pour entretenir la vie de l'individu ; quand on vient à considérer que dans cette usine vivante, si l'on veut bien permettre cette comparaison, chaque ouvrier est à son poste, aucune pièce ne manque, comme aussi aucune n'est superflue, peut-on avec quelque ombre de vraisemblance s'imaginer que toutes les pierres de ce bel édifice se sont groupées ainsi par l'effet de circonstances fortuites, déterminant l'action de forces brutes et imprévoyantes ?

53. Au milieu de tant de merveilles, choisissons-en quelques-unes pour mieux faire ressortir encore l'absurdité de la doctrine des transformistes, lorsqu'ils prétendent expliquer la formation des organismes vivants sans l'action intelligente de Dieu.

I. Prenons d'abord l'appareil de la digestion chez les animaux supérieurs. L'entrée de cet appareil est la bouche. Déjà dans ce vestibule que de pièces ingénieusement agencées : les lèvres qui se ferment pour retenir les aliments, les dents qui doivent les broyer et dont la forme est appropriée à chaque genre de nourriture, la langue qui les ramène sans cesse sous les dents, les mâchoires dans lesquelles celles-ci sont implantées, les muscles qui font mouvoir le tout, les papilles nerveuses qui avertissent de la bonne ou de la mauvaise qualité de la nourriture, les glandes

salivaires qui en l'humectant facilitent la masti-
cation et préparent déjà la digestion. Vient ensuite l'œsophage, avec ses muscles qui, en se dila-
tant et se contractant les uns après les autres,
amènent le bol alimentaire dans l'estomac où il
va se transformer. Là, dans ce laboratoire, le suc
gastrique se trouve sécrété au moment voulu ; des
mouvements que l'animal n'a même pas besoin
de commander, en opèrent le mélange avec les
aliments ; le chyme se forme et descend dans l'in-
testin grêle où il va rencontrer successivement la
bile et le suc pancréatique, élaborés à temps par
deux organes spéciaux, le foie et le pancréas. La digestion s'achève et son produit définitif, le chyle,
trouve sur sa route l'orifice des vaisseaux chyli-
fères qui le recueillent pour le verser dans le torrent de la circulation.

Dans cet appareil que nous venons de décrire
rapidement, n'y a-t-il pas une fin voulue et prévue? l'entretien de la vie. Toutes les parties ne
sont-elles pas appropriées à cette fin? N'ont-elles
pas été adaptées et juxtaposées les unes aux
autres dans un ordre parfait? Tous ces liquides,
la salive, le suc gastrique, la bile, le suc pancréatique qui viennent agir sur les aliments et rem-

plir tour à tour un rôle déterminé, est-ce par un
concours fortuit de circonstances qu'ils se trouvent
avoir la propriété de transformer cette grande
variété d'aliments qui pénètrent dans l'estomac,
en un liquide propre à entretenir la vie? Quel
chimiste, même avec toutes les ressources de la
science moderne, voudrait se charger de compo-
ser ces liquides si bien adaptés au but qu'ils
doivent atteindre? Et on voudrait que toute
cette combinaison d'organes si bien disposés, que
le choix de tous ces agents si bien appropriés, ne
fussent pas l'œuvre d'une intelligence supérieure!
on ne voudrait voir en tout cela que l'œuvre du
temps et du hasard!

Concevrait-on que dans une de nos usines modernes, où la matière première entre par une porte et
sort toute manufacturée par une autre; que dans
une usine à sucre, par exemple, qui prend la bet-
terave des mains de l'agriculteur et la livre au
commerce transformée en sucre ou en alcool, les
organes qui opèrent cette transformation fussent
l'œuvre du hasard; les presses hydrauliques, les
filtres à charbon, les chaudières à évaporation,
les machines à faire le vide, les cristallisoirs, les
turbines, les cuves à fermentation, les alambics,

etc., tout cela fût l'œuvre du temps et du hasard ; qu'aucune intelligence n'eût présidé à l'installation des machines et au travail méthodique des ouvriers? Qui aurait assez peu de souci de sa réputation et assez peu de respect de soi-même pour soutenir une pareille absurdité!

Et cependant il s'est trouvé et il se trouve des hommes, que l'on dit savants, et qui se donnent volontiers comme les porte-drapeau de la science, pour prétendre que cet appareil de la digestion, bien autrement parfait dans son genre que la mieux outillée de nos usines, était l'œuvre de la sélection naturelle, c'est-à-dire d'une cause aveugle et fatale, affublée d'une dénomination mensongère, aussi incapable de choix que de prévoyance! Qu'il nous soit permis de dire pour conclure que de tels savants sont aussi aveugles que les passions qui les poussent et que la cause qu'ils mettent en avant.

54. II. — Étudions, pour les confondre de nouveau, ces prétendus savants, un autre organe où brille davantage encore l'œuvre d'une intelligence suprême ; il s'agit de l'œil, cette chambre obscure, si admirablement combinée, si artistement construite.

Ne parlons pas de cette position choisie d'où l'œil, placé comme une sentinelle vigilante au haut d'une tour, peut observer au loin et avertir de l'approche des objets ; ne parlons pas de ces paupières, destinées à protéger l'œil contre les accidents pendant la veille et à intercepter une lumière importune pendant le repos ; de ces cils, qui retiennent le moindre grain de poussière et nous préservent de douleurs cuisantes ; de ces muscles, qui dirigent, avec la rapidité de l'éclair, notre regard sur le point à observer. N'insistons pas sur tous ces soins prévoyants de la Providence et bornons-nous à considérer la partie optique de cet organe.

On ne peut nier que ce petit globe n'ait *un but bien déterminé*, celui de former sur la rétine l'image des objets extérieurs et d'ébranler les dernières ramifications du nerf optique qui transmet ensuite au cerveau les vibrations correspondantes aux différents points de l'image. Or, de combien de lois physiques ne trouvons-nous pas une merveilleuse application dans cet organe ? Que de problèmes ardus ou même inabordables pour les plus habiles physiciens l'artiste qui l'a construit n'a-t-il pas résolus comme en se jouant.

Nous voyons dans l'œil une application savante des lois de la rétraction et de la dispersion de la lumière, lois qui ne sont pas, à beaucoup près, les plus simples de la physique. Nous y voyons une application de la propriété des lentilles, de concentrer en un point les rayons lumineux émanés d'un autre point, et de former une image renversée des objets. Nous y voyons *prévus* les obstacles qu'opposent à la netteté des images l'aberration de sphéricité et l'aberration de réfrangibilité.

Pour réaliser cette merveilleuse petite chambre obscure, il a fallu résoudre au moins trois problèmes que l'on peut énoncer comme suit :

I. Étant donnés trois milieux transparents dont l'indice de réfraction n'est pas le même et qui sont inégalement dispersifs, en construire trois lentilles juxtaposées et d'une courbure telle que

1° L'image des objets placés d'un côté vienne se former exactement et avec netteté sur la surface externe de la lentille opposée ;

2° Tous les rayons de lumière soient achromatisés.

II. Interposer entre ces lentilles un diaphragme automatiquement variable, se rétrécissant quand la lumière est en excès et s'ouvrant quand elle est trop faible.

III. Construire avec ce système de lentilles une chambre obscure si bien disposée que l'image des objets vienne se peindre nettement sur le tableau, malgré une notable variation de distance des objets extérieurs.

Voilà des problèmes qui embarrasseraient singulièrement les opticiens les plus habiles et : on voudrait que la sélection naturelle, c'est-à-dire un hasard aveugle et inintelligent, soit arrivée à les résoudre. Quand donc le hasard a-t-il étudié l'optique et ses lois ? A quelle école a-t-il appris à résoudre les problèmes les plus difficiles et les plus complexes ?

Depuis la découverte de Porta, à combien de tâtonnements, de recherches et de calculs nos opticiens ne se sont-ils pas livrés pour construire avec leur perfection actuelle les chambres obscures qui servent à la photographie ? Et, après que l'expérience nous a montré quelle intelligence il a fallu déployer pour arriver à ce résultat, on voudrait nous persuader que l'œil, ce chef-d'œuvre qui laisse bien loin derrière lui nos instruments d'optique les plus parfaits, se serait formé sans l'intervention d'une cause intelligente et par une suite de hasards heureux !

55. *Explication d'Hœckel et de Darwin.* — Les transformistes sentent bien que le pas est difficile à franchir, et qu'il y a là contre leur doctrine une objection capitale ; aussi essaient-ils de l'éluder par des sophismes. Voici de quelle manière Hœckel cherche à expliquer comment l'œil a pu atteindre ce degré de perfection par le seul fait de la sélection naturelle.

Son argumentation peut se réduire à ceci : Nous trouvons dans la nature l'organe de la vue à tous les degrés de perfection, depuis la simple tache de pigment, qui dans les animaux inférieurs peut tout au plus percevoir l'impression distincte des différents rayons de lumière, jusqu'à l'œil si parfait des animaux supérieurs ; or, de même que nous trouvons ce progrès gradué de l'organe de la vue entre les animaux actuellement existants, de même ce progrès *doit avoir eu lieu* en ce qui regarde l'évolution historique de l'organe.

Réponse. — Montrons que cette argumentation d'Hœckel ne résout en aucune manière la difficulté.

1° D'abord il exagère quand il dit que l'anatomie comparée montre toutes les transitions possibles entre l'organe visuel le plus simple et le plus parfait ; Darwin lui-même le reconnaît.

2° Admettons, si l'on veut, cette gradation insensible entre les yeux des différentes classes d'animaux, que résulte-t-il de ce fait ? Il en résulte qu'outre l'œil le plus parfait qui est une merveille de combinaison mécanique et en même temps la solution des plus difficiles problèmes, il y en a d'autres moins compliqués et qui révèlent moins de calcul ; mais cela ne prouve nullement que les uns et les autres ont pu se faire sans calcul, sans combinaison intelligente et par le seul concours de forces aveugles et fatales. Hœckel raisonne ici comme celui qui voulant prouver que la construction d'une locomotive n'a exigé aucune intelligence, se bornerait à mettre sous les yeux de ses contradicteurs la série de tous les véhicules possibles, depuis la simple brouette jusqu'à la locomotive la plus perfectionnée (1). Que peut prouver un pareil raisonnement, sinon que celui qui l'apporte défend une mauvaise cause.

3° De ce fait qu'actuellement on trouve dans la nature l'organe de la vue à tous les degrés de perfection, Hœckel conclut que ces organes *ont dû se former* les uns des autres par ordre de succession, les plus parfaits provenant des moins parfaits ; mais c'est là une pure pétition de principe ; c'est simplement l'hypothèse darwiniste, d'où l'on part comme d'un fait acquis (2). L'argumentation d'Hœckel laisse donc subsister la difficulté toute entière.

Darwin ne la résout pas autrement, mais il essaie de dissimuler la faiblesse de son raisonnement en personnifiant la sélection naturelle et en lui attribuant des qualités qu'elle n'a pas. Nous réfuterons plus loin ce sophisme (134).

56. Il est temps de conclure ce chapitre et de

(1) C. Lecomte, p. 145.
(2) Id., p. 146.

dire que toutes les subtilités de l'école évolutioniste et athée ne feront jamais croire à un
homme de bon sens, s'il ne veut lui-même s'a-
veugler, que tous ces organes si bien adaptés à
une fin, dont la combinaison merveilleuse suppose
une intelligence et une science qui dépasse infiniment la nôtre, sont l'œuvre de forces aveugles et
fatales, incapables de se proposer un but et de
choisir les moyens pour l'atteindre.

On croira encore longtemps, en dépit des
sophismes des évolutionistes que, de même qu'il
n'y a point de montre sans horloger, de locomotive sans ingénieur, de palais sans architecte,
de même aussi l'univers et ses merveilles n'existeraient point, si une intelligence suprême n'en
avait fait le plan et si une puissance infinie ne
l'avait réalisé.

CHAPITRE V.

LE TRANSFORMISME EST REJETÉ PAR LES NATURA-
LISTES LES PLUS CÉLÈBRES ET RÉFUTÉ PAR LES
CONTRADICTIONS, LES DISSENTIMENTS OU LES
AVEUX DE SES PARTISANS.

§ I. — Naturalistes antérieurs au darwinisme.

57. On peut citer en tête des contradicteurs de
l'école transformiste l'éminent naturaliste Cuvier.
Il affirme nettement la fixité des espèces, tout
en admettant l'existence de modifications accidentelles qui donnent naissance aux variétés et
aux races (1). Les transformistes modernes, sen-
tant quelle défaveur peut jeter sur leur parti le
jugement qu'il porte de leurs doctrines, s'efforcent
vainement de rabaisser son mérite ; son autorité
incontestable restera toujours bien au-dessus de
leurs critiques intéressées.

(1) Cf. de Valroger, *Genèse des espèces*, p. 336.

A la suite de Cuvier, de Blainville et Flourens se sont tenus à l'écart, et de l'erreur « des polygénistes qui exagèrent la fixité des formes organiques et refusent en conséquence d'admettre l'unité originaire des races humaines, et de celle des transformistes qui méconnaissent ce qu'il y a d'immuable dans les caractères spécifiques (1). »

On peut en dire autant d'Alex. Brongniart qui n'a admis le transformisme à aucun titre (2).

58. Afin de faire contrepoids à ces naturalistes bien connus comme opposés à leurs doctrines, les transformistes ont cherché à se donner pour patrons quelques naturalistes renommés du siècle dernier ou du commencement de ce siècle. Buffon, Étienne et Isidore Geoffroy St-Hilaire ont été mis en avant comme les précurseurs des doctrines de Darwin ; nous allons voir que c'est à tort.

Buffon, il est vrai, a varié d'opinion sur ce su-

(1) De Valroger, ouvrage cité, p. 363 et 365.
(2) *Questions scientifiques de Bruxelles*, janvier 1878, p. 66.

jet, mais, éclairé par des études plus approfondies, il reconnut finalement que, « tout en restant inébranlables en ce qu'ils ont d'essentiel, les types spécifiques peuvent se réaliser sous des formes parfois très différentes : il joignit à l'idée bien arrêtée de *l'espèce,* l'idée non moins précise de la *race* (1). » Jamais il n'a pensé que l'homme puisse être un singe perfectionné par une nature aveugle : « Quelque ressemblance, dit-il, qu'il y ait entre le Hottentot et le singe, l'intervalle qui les sépare est immense, puisqu'à l'intérieur il est rempli par la pensée et au dehors par la parole... Il est d'une nature si supérieure à celle des bêtes, qu'il faudrait être aussi peu éclairé qu'elles le sont pour pouvoir les confondre... Que l'homme s'examine, s'analyse et s'approfondisse, il reconnaîtra bientôt la noblesse de son être, il sentira l'existence de son âme, il cessera de s'avilir et verra d'un coup d'œil la distance infinie que l'Être suprême a mise entre les bêtes et lui (2). »

Évidemment cette doctrine de Buffon est bien loin de favoriser le transformisme et surtout le transformisme matérialiste et athée.

(1) De Quatrefages : *Ch. Darwin et ses précurseurs français,* p. 40-42.

(2) Buffon, *passim,* cité par de Valroger, *Genèse des espèces* p. 330-331.

59. Lamarck lui-même, et il est bon de le constater ici, bien qu'on puisse à juste titre lui attribuer la part principale dans la paternité du transformisme, ne l'entendait pas à la façon des darwinistes matérialistes ; il n'excluait pas l'action de Dieu dans la formation de l'univers ; il n'était ni matérialiste ni athée, quoique sa manière de parler dans certaines circonstances ait pu le faire supposer. Il suffit pour s'en convaincre de lire, entre bien d'autres, ces quelques lignes, extraites de ses écrits et qui n'ont pas été assez remarquées. Après avoir entrepris d'expliquer comment un chimpanzé aurait pu se transformer en homme, il ajoute : « Telles seraient les réflexions qu'on pourrait faire, si l'homme n'était distingué des animaux que par les caractères de son organisation et si *son origine n'était pas différente de la leur.* » Il dit ailleurs : « On a pensé que la nature était Dieu même... Chose étrange ! on a confondu la montre avec l'horloger, l'ouvrage avec son auteur. On ne saurait la comparer en rien, (la nature) à l'Être suprême, dont le pouvoir ne saurait être limité par aucune loi. C'est une erreur que d'attribuer à la nature un but, une intention quelconque dans ses opérations (1).

____

(1) Voilà un langage qui ne ressemble guère à celui de Darwin,

La nature n'étant point une intelligence n'est pas Dieu. Elle est le produit sublime de sa volonté toute puissante (1). »

60. Étienne Geoffroy Saint-Hilaire a bien admis, quoique en termes fort vagues, une certaine mutabilité des espèces et exprimé comme douteuse la question de savoir si les animaux fossiles n'ont pas pu être la souche de quelques-uns des animaux d'aujourd'hui ; mais, suivant M. de Quatrefages, il n'existe, à ce point de vue, à peu près aucun rapport entre ses doctrines et celles de Lamarck (2).

« Jamais surtout il n'admit les erreurs antiphilosophiques et antireligieuses que les matérialistes et les athées veulent greffer sur l'hypothèse de la variabilité indéfinie des êtres organisés. Loin de considérer l'homme comme un singe perfectionné par des lois aveugles, il le plaçait en dehors de la classification mammalogique, et bien au-dessus du règne animal. » « La

comme nous le verrons plus loin en parlant des sophismes de celui-ci.

(1) Cité par de Valroger, ouvrage cité, p. 333 et 385.

(2) De Quatrefages, *Ch. Darwin et ses précurseurs français*, p. 60-66.

négation du Créateur était à ses yeux la plus monstrueuse des opinions (1). »

On peut dire du fils à peu près ce que l'on a dit du père. Isidore Geoffroy défend son père d'avoir admis avec Lamarck l'extension illimitée des variations, et il dit de celui-ci : « Ses idées sur la génération spontanée d'êtres primitifs très-simples et la formation graduelle, par transmutation, de types de plus en plus complexes sont, malgré tous ses efforts, des hypothèses non justifiées (2). » Comme son père, Isidore Geoffroy repoussait bien loin l'affinité que les transformistes ont voulu voir entre le singe et l'homme : « L'homme n'est pas, comme le disent quelques faiseurs de systèmes, la première espèce de singe ; grossière erreur, même au point de vue purement physique (3). »

Ces citations suffisent pour montrer quelle distance il y a entre les vues des deux Geoffroy Saint-Hilaire et les doctrines de nos transformistes modernes.

(1) *Histoire naturelle générale des règnes organiques*, t. III, p. 297.

(2) *Ibid.*, t. II, p. 250. Cité par de Valroger, p. 346 et 350.

(3) De Valroger, ouvrage cité, p. 339 et 341.

§ II. — Naturalistes postérieurs au darwinisme.

61. Depuis l'apparition du livre de Darwin sur l'origine des espèces, les naturalistes contemporains (nous parlons de ceux qui font autorité dans la science) ont-ils été entraînés par les arguments du naturaliste anglais et se sont-ils convertis au transformisme? Dans le cours de cette étude nous avons déjà eu l'occasion d'en citer plusieurs qui contredisent cette doctrine. Nous allons grouper ici les noms les plus connus, afin de mieux montrer l'opposition de la science vraiment compétente avec les idées transformistes.

I. Zoologistes.

M. de Quatrefages, membre de l'Académie des sciences (section d'anatomie et de zoologie), professeur d'anthropologie au muséum d'histoire naturelle de Paris, peut être considéré comme un juge compétent dans la matière qui nous occupe : sa haute position dans le monde savant, ses nombreux travaux en histoire naturelle et surtout en anthropologie donnent un poids considérable à ses appréciations. D'un autre côté, si l'on pouvait lui supposer quelque partialité, il semble que

ce serait en faveur du transformisme. Il s'est en
effet montré assez admirateur de Darwin pour
proposer sa candidature au titre de membre correspondant de l'Académie des sciences. Néanmoins
il se sépare nettement de lui, quand il s'agit des
théories transformistes. Voici le jugement qu'il
en porte dans son livre de *L'Espèce humaine* (1).

« Je n'ai pas à reproduire ici en entier l'examen que j'ai fait ailleurs des doctrines transformistes en général, du darwinisme en particulier.
Ce qui précède suffira, j'espère, pour faire comprendre pourquoi je ne saurais accepter même la
plus séduisante de toutes ces théories. A des
degrés divers, elles concordent avec certains faits
généraux et rendent compte d'un certain nombre
de phénomènes. Mais toutes sans exception n'atteignent ce résultat qu'à l'aide d'hypothèses en
contradiction flagrante avec d'autres faits généraux, tout aussi fondamentaux que ceux qu'elles
expliquent. En particulier, toutes ces doctrines
reposent sur une dérivation progressive et lente,
sur la confusion de la race et de l'espèce. Par
conséquent elles méconnaissent un fait physio-
logique inniable ; elles sont en opposition complète avec un autre fait, conséquence du premier,

(1) Troisième édit., p. 74.

et qui éclate à tous les regards, l'isolement des
groupes spécifiques remontant aux premiers âges
du monde, le maintien du cadre organique général à travers toutes les révolutions du globe.

« *Voilà pourquoi je ne saurais être darwiniste.* »

62. M. Milne-Edwards, collègue de M. de Quatrefages à l'Académie des sciences (section d'anatomie et de zoologie) et au muséum d'histoire
naturelle, naturaliste non moins éminent, n'est
pas plus favorable que lui aux théories transformistes ; il s'exprime de la manière suivante :

« Les causes modificatrices que nous voyons
agir de nos jours sont insuffisantes pour donner
la clef des variations que les principales formes
animales offrent dans les différentes régions du
globe. Or rien n'autorise à penser que ces causes
soient notablement moins puissantes que jadis.
L'étude de la distribution géographique des types
organiques tend à faire croire qu'il y a eu, pour
notre faune actuelle, autant de souches spécifiques qu'il y a d'espèces caractérisées. La comparaison des faunes qui se sont succédé sur la
surface du globe, conduit à un résultat analogue.
Les différences de climat qui paraissent avoir
existé à des époques plus ou moins reculées, une

proportion plus grande d'acide carbonique dans l'atmosphère, ou d'autres changements du même ordre dans les conditions d'existence des animaux anciens, ne sauraient nous fournir une explication plausible de la transformation de l'une quelconque des espèces zoologiques des premiers âges, de la période jurassique, ou de la période crétacée, en un dinotherium, un éléphant ou un mastodonte ; et pour concevoir la cause de cette succession de formes, il faut, *ce me semble,* avoir recours à *l'hypothèse* de créations successives. Quelle que soit l'opinion que l'on adopte touchant la fixité ou la variabilité des types organiques, il faut toujours remonter à un commencement, dont aucune des lois connues de la nature ne nous donne l'explication ; car notre globe n'a pas toujours été habitable, et la science ne nous apprend rien sur la cause de l'apparition originelle de la vie à sa surface. On conçoit donc que la puissance créatrice, dont l'action a produit ce premier résultat, ait pu s'exercer de nouveau à plusieurs reprises, et déterminer ainsi la création d'une série de faunes successives, qui n'auraient entre elles aucune filiation (1). »

(1) *Rapport sur les progrès récents de la zoologie,* p. 426-430. Cité par de Valroger, p. 375 en note.

Quand M. Milne-Edwards dit dans ce qui précède, que « pour concevoir la cause de cette succession de formes, *il lui semble* qu'il faut avoir recours à *l'hypothèse* de créations successives, » il parle, sans aucun doute, en se plaçant uniquement au point de vue des sciences d'observation qui, seules, ne peuvent pas résoudre ce problème ; ce qu'il dit plus bas de la puissance créatrice, montre clairement qu'il n'en révoque pas en doute l'existence. Au reste, la réfutation qu'il fait ici du transformisme est complètement indépendante de ses convictions religieuses.

63. M. Blanchard, membre de l'Académie des sciences dans la section de zoologie, a publiquement manifesté son opposition pour le transformisme, quand on a mis en avant la candidature de Darwin au titre de membre correspondant étranger. Il a combattu cette candidature, et il en a donné pour raison qu'il y avait péril pour la science à paraître encourager des théories conjecturales, contraires à toutes les données positives de l'histoire naturelle et à toutes les lois du véritable progrès scientifique (1).

(1) De Valroger, *Genèse des espèces,* p. 379.

64. Agassiz, mort seulement depuis quelques années, est peut-être le naturaliste le plus savant comme le plus renommé du siècle actuel. Né en Suisse, en 1807, il s'est adonné à l'étude des sciences naturelles, d'abord dans sa patrie, puis successivement à Heidelberg, à Munich, à Vienne et à Paris. Il s'est fixé ensuite dans les États-Unis d'Amérique, où il occupait une chaire de zoologie et de géologie à l'université de Cambridge, près Boston. Il s'est fait un nom surtout par ses études sur les poissons d'eau douce, sur les poissons fossiles et sur les glaciers. Peu instruit des vérités religieuses, malheur qu'il partage avec beaucoup de savants trop spécialistes, il est tombé dans l'erreur du polygénisme et a enseigné que les races humaines, bien qu'ayant une même essence spécifique et formant une même espèce supérieure à toutes les autres, descendaient de plusieurs groupes différents, créés séparément en diverses parties du globe. C'est du reste un esprit indépendant, qui professe ouvertement les principes de la religion naturelle et répudie sans respect humain le matérialisme athée.

Dans l'étude qu'il a faite de la nature, il a trouvé des preuves innombrables de l'action toute puissante du créateur et maintes fois il a rendu un hommage éloquent à l'infinie sagesse de la providence divine (1).

Il était bon avant d'invoquer son opinion de faire connaître ce naturaliste, afin de mieux apprécier la valeur de son autorité.

Or, voici le jugement qu'il porte sur le transformisme et en particulier sur le système de Darwin :

« Dans la série tout entière des temps géologiques et pendant la durée des siècles qui se sont écoulés depuis l'introduction première en ce monde des animaux et des plantes, il n'apparaît pas le plus petit indice qu'une espèce se soit transformée en une autre (2).

« J'ai pour Darwin toute l'estime qu'on doit avoir ; je connais les travaux remarquables qu'il a accomplis, tant en paléontologie qu'en géologie, et les investigations sérieuses dont notre science lui est redevable. Mais je considère comme un devoir de persister dans l'opposition que j'ai toujours faite à la doctrine qui porte aujourd'hui son nom. Je regarde en effet cette doctrine comme contraire aux vraies méthodes dont l'histoire naturelle doit s'inspirer, comme pernicieuse et fatale aux progrès de cette science (3). »

(1) De Valroger, *Genèse des espèces*, 62 à 77.
(2) Agassiz, *De l'Espèce*, p. 79, note.
(3) *Ibid.*, p. 373.

65. M. Van Beneden, célèbre naturaliste belge, dont l'autorité dans la science est incontestable, combat les doctrines transformistes. Nous l'avons vu précédemment (28) démontrer la fixité des espèces par l'étude qu'il a faite des fossiles quaternaires de la vallée de la Lesse.

66. M. Faivre, professeur à la faculté des sciences de Lyon, dans un ouvrage intitulé : *La variabilité des espèces et ses limites*, prouve que les êtres organisés sont susceptibles, il est vrai, de certains changements, changements qui s'arrêtent aux appareils de la vie extérieure, et qui constituent des variétés et des races, mais qui ne transforment jamais les types spécifiques et n'en effacent pas les traits distinctifs. Voici la conclusion de son livre.

« L'hypothèse de la mutabilité des espèces ne se légitime ni par son principe qui est une conjecture, ni par ses déductions qui ne confirment point la réalité, ni par ses démonstrations directes qui sont à peine des vraisemblances, ni par ces deux conséquences extrêmes que la science aussi bien que la dignité humaine nous défendent d'accepter : la génération spontanée, la parenté intime et dégradante de l'homme et de la brute.

« Malgré l'habileté, nous dirions presque le
génie, que des savants illustres ont mis à défendre
cette doctrine, la raison et l'expérience n'ont
point infirmé ce jugement si réservé et si juste
qu'en a porté Cuvier et qui servira de conclusion
à ce travail : « Parmi les divers systèmes sur
l'origine des êtres organisés, il n'en est pas de
moins vraisemblable que celui qui en fait naître
successivement les différents genres, par des développements ou des métamorphoses graduel-
les (1). »

67. A cette liste déjà longue de zoologistes
ajoutons encore un nom, celui de M. Coutance,
professeur d'histoire naturelle à l'école de méde-
cine navale de Brest. Dans un livre plein d'intérêt, il montre que la lutte pour l'existence, ce
prétendu principe qui est comme la base du système de Darwin, n'existe pas en réalité dans la
nature, mais que tout y est réglé par des lois
harmonieuses qui dénotent une intelligence supérieure. Citons ces paroles qui terminent son
livre et qui en sont comme le résumé :

« La lutte c'est le désordre, l'incertain, la

____

(1) Page 182.

ruine : le balancement c'est l'harmonie, le dessein, la conservation. L'essence de la première est de n'avoir pas de loi, le caractère du second est d'en être l'expression. C'est pour cela que la lutte est la négation d'un législateur, tandis que le balancement en est la preuve.

« L'équilibre et le balancement des espèces dans le monde révèlent donc une intelligence conservatrice et régulatrice. C'est cette cause de l'intelligence dont nous nous sommes fait le défenseur convaincu dans ce travail. Nous l'avons signalée à chaque pas.....

« Cette prévision invariable des mères pour une postérité qu'elles ne verront pas ; cet art des fils à répéter les mêmes travaux, sans avoir rien appris ; cette compensation des risques des œufs abandonnés par le nombre ou par des précautions ingénieuses.... ; ces anomalies aux lois physiologiques en vue d'un but d'ordre supérieur, donnant à la plante qui vit six mois, des graines qui vivront six siècles et à l'arbre qui vit six siècles les semences qui vivront six mois ; tous ces faits révèlent des combinaisons intelligentes, un art profond.....

« Le génie de l'homme, après des siècles d'observation, commence à entrevoir les procédés de cette grande économie de la nature. On peut dire d'eux ce qu'Agassiz disait de l'unité de plan dans les êtres : « Ils dénotent des conceptions abstraites de l'ordre le plus élevé et dépassent de loin les plus vastes généralisations de l'esprit humain. » Il a fallu les recherches les plus laborieuses pour s'en faire une idée, et voilà cependant, ajoutait le grand naturaliste, « voilà ce qu'on nous présente comme le résultat de forces auxquelles n'appartiennent ni la moindre parcelle d'intelligence, ni la faculté de penser, ni le pouvoir de combiner, ni la notion du temps, ni celle de l'espace (1). »

II. Botanistes.

68. Il n'est pas de nom plus célèbre dans la science de la botanique que celui des de Candolle ; voici comment M. A. de Candolle exprime son opinion au sujet de la fixité de l'espèce dans sa géographie botanique (2) : « Une expérience de trois mille ans (il s'agit de l'identité des plantes trouvées dans les monuments de l'ancienne Égypte avec les plantes actuelles), est certainement un fait de quelque importance pour corroborer les raisonnements qui résultent des faits

(1) Coutance, *La Lutte pour l'existence*, p. 508.
(2) T. II, p. 696.

actuels, et contrebalancer les doutes vagues de
ceux qui nient la permanence de l'espèce. »

69. M. Ad. Brongniart, membre de l'Académie
des sciences pour la section de Botanique et professeur au Muséum, flétrit par ces paroles énergiques
les doctrines transformistes. « Les transformistes
désertent le terrain de la science positive et s'é-
garent dans des contes de fées. » Suivant le
même naturaliste, ils font fausse route en cherchant à résoudre d'une manière purement naturelle un problème qui suppose nécessairement
une cause surnaturelle (1).

70. M. Godron, doyen de la faculté des sciences de Nancy, botaniste distingué, a fait paraître
en 1859 un ouvrage plein de clarté et de méthode
sur *l'Espèce et les Races*. Il y établit la fixité de
l'espèce et n'hésite pas à affirmer ceci : « L'espèce n'a pas plus varié pendant les temps géologiques que durant la période de l'homme ;... les
révolutions que notre globe a subies,... n'ont pu
altérer les types originairement créés ; les espèces
ont conservé leur stabilité, jusqu'à ce que des
conditions nouvelles aient rendu leur existence

______

(1) *Revue des cours scientifiques*, t. VII, p. 568.

impossible ; alors elles ont péri, mais elles ne se sont pas modifiées (1).

71. L'opinion de M. Grand'Eury nous est déjà connue ; nous avons vu (34 et 38) ce qu'il pense de la mutation des espèces dans son étude si estimée de la flore carbonifère du département de la Loire et du centre de la France.

72. M. Heer, professeur d'histoire naturelle à Zurich, bien connu du monde savant pour ses travaux sur les plantes fossiles, se montre partisan convaincu de la fixité des espèces. On peut le conclure des paroles suivantes : « Si de nombreuses plantes alpines et boréales se sont propagées à partir des mêmes points, n'est-ce pas une preuve de *la constance de ces espèces*, puisqu'elles aussi remontent jusqu'à l'époque diluvienne, et n'ont dès lors subi aucune modification. » Dans une autre circonstance, après avoir parlé d'espèces qui vivent à une altitude très différente et au milieu d'un entourage dissemblable, il dit : « Cependant, malgré la condition toute différente dans la concurrence vitale de ces espèces, *elles*

____

(1) Godron, *De l'Espèce et des Races*, t. 1ᵉʳ, p. 333 et suiv.

sont restées identiques, et il est impossible de les distinguer (1). »

III. Géologues et paléontologues.

73. Les darwinistes ont voulu revendiquer M. d'Archiac comme un des leurs ; or, bien loin qu'il soit de leur parti, il réfute leur doctrine d'une manière aussi nette que péremptoire, comme on en pourra juger par ces extraits tirés de son cours de paléontologie :

« Si elles étaient exactes (il s'agit des doctrines de Darwin, et spécialement de la sélection naturelle), il ne devrait rester depuis longtemps que des formes choisies, élues, privilégiées ; mais aujourd'hui, comme toujours et dans toutes les classes, il y a des déshérités qui continuent à vivre. Les animaux supérieurs se sont développés dans la série des âges, sans préjudice des inférieurs, aussi nombreux que jamais. Les organismes inférieurs sont les plus répandus dans la nature ; il n'y a pas dans l'air, dans l'eau et dans les parties les plus superficielles de la terre, un décimètre cube qui en soit privé. Ils consti-

(1) Cité par M. Faivre, *La Variabilité des espèces*, p. 174 et 177.

tuent, par leur prodigieuse accumulation, le fond des mers et des lacs.

« Quand on étudie les espèces d'un genre qui a traversé les divers étages d'une formation, ou même plusieurs formations successives, on ne voit point que les dernières espèces soient nécessairement plus parfaites, plus belles, plus fortes que les premières.

« L'ordre du monde organique ne saurait être le résultat de la victoire du fort sur le faible. Nous ne voyons nulle part des preuves de ce matérialisme et de ce fatalisme combinés, aboutissant à la négation de toute intelligence directrice.

« Il faut toujours arriver à une création première. Si on ne la nie point d'abord, on ne peut nier les suivantes ; et alors toutes les hypothèses d'élections, de variations, de transformations, deviennent des rouages compliqués et surperflus.

« L'échafaudage élevé par Darwin ne repose sur rien de réel ; car la science sur laquelle on devrait compter le plus pour l'étayer lui refuse son appui. Il y a des ensembles de couches assez bien étudiés pour que Darwin eût pu les mettre à profit, s'ils avaient eu quelque argument à lui fournir. Qu'il approfondisse les travaux sérieux et détaillés, les résultats donnés par de

nombreuses études locales, les monographies de
faunes, de flores et de terrains, il verra que la paléontologie fournit déjà beaucoup plus de matériaux qu'il ne le suppose, et il reconnaîtra qu'il a
jugé légèrement, d'après des données incomplètes.
Sa théorie ne répond point aux données de la
science actuelle, et attend de l'avenir une démonstration que rien ne laisse entrevoir. Elle se
fonde sur des faits pris en dehors de la marche
naturelle des choses et dont les conséquences
peuvent toujours être niées (1). »

74. M. Hébert, professeur de géologie à la faculté des sciences de Paris, ne se montre pas
moins opposé au transformisme matérialiste et
athée. Il terminait ainsi son cours en 1868 : « La
science ne saurait conduire ni à l'athéisme ni au
matérialisme. Elle n'aboutit pas davantage au
scepticisme, ou à une confiance orgueilleuse dans
l'intelligence humaine. Non seulement elle nous
révèle la puissance et la souveraine bonté du
Créateur, mais elle nous fait voir des mystères
que toutes les forces de notre esprit ne sauraient

(1) D'Archiac, *Cours de Paléontologie stratigraphique*, p. 75 et
suiv.

éclaircir par elles seules, comme l'apparition de
la vie sur le globe et ses manifestations innombrables sous la forme des populations qui l'ont
habité successivement.

« Toutes ces populations qui ont occupé la
terre avant nous, ont assisté, inconscientes, à la
série des phénomènes qui préparaient la demeure
de l'homme. A l'homme seul a été donné le pouvoir de s'élever, par le développement de ses facultés, jusqu'à l'intelligence des œuvres de Dieu,
et d'y puiser ce sentiment profond d'admiration
reconnaissante, cette soif de science, cette ardeur
pour le bien, ce besoin de dévouement, qui constituent le beau côté de sa nature. C'est par là
qu'il a été créé à l'image du souverain maître ;
et c'est par là qu'il se distingue des animaux
dont sa nature terrestre le rapproche ; c'est cette
partie de son être qu'aucune transformation naturelle, propre à la matière, n'a pu lui communiquer. Cette transformation des espèces qui ferait
dériver l'homme du singe, la science la repousse.
C'est une théorie contraire aux faits connus,
et que nous considérons comme antiscienti-
fique.

« S'il y a des tendances matérialistes dans
notre société, elles reposent sur des illusions ;
elles ne peuvent germer que dans des esprits com-

plètement absorbés par des études spéciales, et
qui oublient le reste du monde (1). »

75. Nous avons déjà cité M. Barrande dont
l'autorité est si grande en paléontologie, et la
compétence reconnue par Darwin lui-même (2).
Après avoir soigneusement comparé l'ensemble
de ses découvertes sur la faune silurienne avec
les théories transformistes et cherché s'il y trouvait des traces de cette filiation qui fait dériver
les formes nouvelles des anciennes, voici le jugement qu'il porte sur ces théories : « L'étude
spéciale de chacun des éléments zoologiques qui
constituent les premières phases de la faune primordiale silurienne, a démontré que les prévisions
théoriques sont en complète discordance avec les
faits observés. Les discordances sont si nombreuses et si prononcées, que la composition de la

____

(1) *Moniteur universel*, mars 1868.

(2) Darwin, dans son livre de l'*Origine des espèces*, p. 438, dit en
effet en parlant des objections faites à son système : « Toutes ces
objections sont très graves sans nul doute ; si graves même que
d'éminents paléontologistes tels que Cuvier, Forbes, MM. Agassiz,
Barrande, Pictet, Falconer, de même que nos grands géologues,
MM. Lyell, Murchisson, Sedgwick, etc., ont unanimement et parfois avec force soutenu le principe de l'immutabilité des espèces. »

faune réelle semblerait avoir été calculée à dessein
pour contredire tout ce que nous enseignent les
théories sur la première apparition et sur l'évolution primitive des formes de la vie animale (1). »

76. Citons, en terminant, cette appréciation
de M. Pictet que Darwin range comme Barrande
parmi les paléontologistes éminents : « La théorie
de la transformation des espèces paraît diamétra-
lement opposée à tous les enseignements de la
zoologie et de la physiologie (2). » « Le rôle que
M. Darwin attribue à la sélection naturelle est
démenti par tous les faits connus (3). »

77. Toutes les citations, un peu longues peut-
être, que nous venons de faire, montrent que le
transformisme n'est pas une doctrine acceptée
sans contradiction par les savants qui sont le plus
à même de la juger. Quand ses partisans, qui se
recrutent le plus souvent parmi les écrivains de
second et de troisième ordre, nous représentent
le transformisme comme la dernière expression

(1) Trilobites, p. 281. Cf. de Valroger, p. 384.
(2) *Traité élémentaire de paléontologie*, t. 1er, p. 86.
(3) *Bibliothèque universelle de Genève*, mars 1860.

de la science, ils sont dans le faux, ou plutôt ils cherchent à fausser l'opinion et à faire des dupes parmi ceux qui ne sont pas en état de vérifier leurs assertions. La science vraie, la science compétente, n'est pas pour le transformisme, et si quelques esprits distingués, aveuglés par la passion antireligieuse, se sont laissés tromper par le mirage de cette opinion, ils sont en petit nombre.

« Les naturalistes convaincus de la fixité des espèces, dit M. d'Archiac (1), sont de beaucoup les plus nombreux et les moins divisés. Les divergences qui peuvent exister entre eux, portent sur des détails peu importants. Le désaccord qui se produit parfois sur les caractères de telle ou telle espèce, de telle ou telle variété, sur la convenance d'adopter telle ou telle détermination spécifique, reste évidemment dans les limites des appréciations et des erreurs personnelles. Ce ne peut être un motif pour infirmer le principe sur lequel on s'accorde. »

« Beaucoup de partisans de la mutabilité des espèces ont commencé par croire à la fixité. Ils ont changé de camp, non pour se réunir à un

____

(1) *Cours de paléontologie stratigraphique*, 1864, t. II, p. 117, 118.

groupe homogène, autour d'une pensée nettement formulée, mais au contraire pour offrir la plus extrême anarchie dans la manière de comprendre la variabilité. »

Cette anarchie nous allons maintenant la constater et nous verrons qu'il n'est pas nécessaire d'aller chercher parmi les ennemis du transformisme athée et matérialiste des armes pour le combattre, nous en trouverons suffisamment dans les aveux et les dissentiments de ses propres adeptes.

§ III. — Naturalistes transformistes et athées.

78. L'anatomiste anglais Huxley, dont nous avons fait connaître les attaches au darwinisme, et qui ne cache pas ses sympathies pour cette doctrine, après avoir admis le principe de la sélection naturelle qui est le principal appui de la théorie de Darwin, est revenu depuis sur cette adhésion, et ne trouve plus ce principe aussi solide : « j'adopte, dit-il, la théorie de Darwin, sous la réserve que l'on fournira la preuve que des espèces physiologiques puissent être produites par le croisement sélectif (1). »

(1) *La Place de l'homme dans la nature*, p. 245.

Le même naturaliste, inventeur du fameux *Bathybius* (93), ce protoplasme qu'il présentait comme le premier anneau de la chaîne des êtres, a été aussi obligé plus tard de reconnaître qu'il s'était trop avancé, et que ce prétendu organisme était de la matière purement minérale.

79. Hœckel, le disciple le plus enthousiaste de Darwin et le coryphée du parti en Allemagne, a imaginé une généalogie de l'homme, au point de vue darwiniste, qu'il a développée dans un ouvrage intitulé *Anthropogénie,* et au moyen de laquelle il le fait descendre, en passant par le singe, des organismes les plus simples, de ce qu'il appelle les *monères;* or voici le jugement que porte de son œuvre Carl Vogt qui est en Suisse le porte-drapeau du darwinisme : « Si M. de Quatrefages dit trop modestement je ne sais pas, M. Hœckel au contraire sait tout. Pour ce dernier rien n'est obscur ; tout est prouvé d'une manière évidente. Depuis la monère amorphe jusqu'à l'homme parlant, toutes les étapes sont déterminées par induction, comptées au nombre de vingt ou vingt-deux, et toutes ces phases placées dans les âges géologiques correspondants. Rien n'y manque. Malheureusement cet arbre

généalogique si complet, si bien agencé, montre un seul petit défaut, semblable à celui du cheval de Roland ; la réalité lui fait complètement défaut, comme la vie au cheval du paladin. Tous les échelons sont constitués par des êtres imaginaires dont on n'a jamais trouvé de traces, mais qui néanmoins doivent être considérés comme entièrement réels. Si on ne les a pas trouvés, on les trouvera plus tard ; ou bien ils étaient constitués de manière à ne pouvoir se conserver dans les couches de la terre (1). » Voilà un échafaudage bien démoli ; nous n'aurions pas pu lui porter de plus rudes coups.

80. Citons encore une appréciation des doctrines de Hœckel par un savant qui n'est pas suspect de complaisances religieuses, M. Virchow, célèbre antropologiste allemand. Au congrès des naturalistes et des médecins, tenu à Munich, en septembre 1877, Hœckel émit le vœu qu'on enseignât à l'enfance la descendance commune de l'homme et des animaux ; M. Virchow s'éleva contre cette proposition. « Il ne faut pas, dit-il, enseigner au peuple et aux nations, comme une

____

(1) Carl Vogt, *Revue scientifique*, 1877, p. 1037.

vérité, ce qui n'est qu'une opinion. La descendance commune de l'homme et des animaux n'est pas démontrée. Je dois même le déclarer : chaque progrès réel que nous avons fait en antropologie, nous éloigne davantage de cette démonstration (1). »

Ces appréciations des doctrines d'Hœckel dans son propre parti ne prouvent pas sans doute qu'elles soient appuyées sur des fondements bien solides.

Il n'est pas nécessaire au reste d'aller demander à d'autres qu'à lui-même quelle valeur il faut attribuer à ces doctrines qu'il propose cependant avec tant d'assurance ; voici en effet ce qu'il écrit : « Nous sommes obligés d'admettre et de défendre cette théorie, *jusqu'à ce qu'il s'en trouve une meilleure,* qui entreprenne d'éclaircir d'une manière aussi simple la même abondance de faits (2). » C'est donc seulement à titre provisoire et sans avoir en elle une bien grande confiance qu'il admet cette doctrine.

Il nous montre également par ses aveux ce qu'il faut penser de cette filiation imaginée par

(1) *Questions scientifiques de Bruxelles,* janvier 1878, p. 274.
(2) Lecomte, *Darwinisme,* p. 156.

lui pour faire descendre l'homme de la monère :
« Si nous entendons, dit-il, par généalogie la partie généralisatrice *hypothétique* et indispensable
de la phylogénie, et par paléontologie la partie
empirique immédiatement fournie par l'étude
des fossiles, la dernière n'est vraiment que rarement à la première dans la proportion d'un à
mille, et dans la plupart des cas la proportion est
à peine d'un à cent mille ou même à un million (1). »

Dans cette phraséologie allemande Hœckel
avoue tout simplement qu'on ne trouve pas parmi
les fossiles les intermédiaires qui seraient nécessaires, pour établir le passage d'une espèce à une
autre, et par conséquent que sa généalogie de
l'homme est une pure hypothèse et n'existe que
dans son imagination.

81. M. Claus, professeur de zoologie et d'anatomie comparée à l'université de Vienne, manifeste ses préférences pour le système évolutioniste
dans un traité de zoologie dont M. Moquin Tandon
vient de donner une seconde édition française (2).

(1) Lecomte, *Darwinisme*, p. 78.
(2) Paris, 1883.

Il ne paraît pas toutefois avoir une confiance bien solide dans cette théorie, et elle laisse dans son esprit bien des problèmes et d'importants problèmes à résoudre ; voici l'appréciation que nous trouvons dans son livre :

« Nous ne devons pas oublier, que par la théorie de la sélection et la théorie de la descendance, une bien faible partie de l'énigme de la vie organique nous est révélée d'une manière satisfaisante. Si l'on réussit à établir, à la place de l'ancienne conception des créations répétées, un mode d'évolution naturel, il reste cependant à expliquer la première apparition des organismes inférieurs ; ce que nous ne pouvons guère faire jusqu'ici que par l'hypothèse de la génération spontanée, si mal appuyée par les faits ; il reste à comprendre avant tout la voie qu'a prise l'organisation en se compliquant et en se perfectionnant de plus en plus, dans les degrés successifs du système naturel. Une foule de phénomènes merveilleux, ne fût-ce que celui de l'origine de l'homme pendant les époques diluvienne ou tertiaire supérieure, sont pour nous autant d'énigmes dont la solution est réservée aux recherches futures (1). »

______

(1) *Traité de zoologie*, par Claus, Paris 1889, p. 179.

9.

82. M. du Bois-Raymond, un des représentants de la science en Allemagne, et en même temps chaud partisan du matérialisme et du darwinisme, a fait aussi cet aveu dans le congrès des naturalistes et des médecins allemands tenu à Leipzig, il y a sept ou huit ans : « Le dessein du naturaliste théoricien, disait-il, est de comprendre la nature ; pour que ce dessein ne soit pas absurde, il faut supposer que la nature est intelligible. La finalité de la nature n'est pas conciliable avec son intelligibilité (1) !

« S'il se présente un moyen de bannir de la nature la finalité, le savant doit le saisir avec empressement. La découverte de la sélection naturelle nous fournit ce moyen ; par conséquent nous l'acceptons *jusqu'à nouvel ordre*. En nous en tenant à cette doctrine nous pouvons éprouver un sentiment analogue à celui du naufragé qui tout

(1) Il veut dire par là que, pour lui, la nature devient *inintelligible*, si elle a pour auteur un être *intelligent* qui, en la créant, s'est proposé un but et a disposé toutes choses pour l'atteindre. Ainsi ce qui a rendu jusqu'à présent la nature intelligible pour les esprits sensés qui ne comprennent pas l'ordre sans un ordonnateur, et ne peuvent pas voir l'œuvre d'un aveugle hasard dans ces belles lois qui régissent l'univers avec tant d'harmonie, dans ces rapports si sagement établis qui unissent entre eux tous les êtres, c'est là ce qui rend la nature inintelligible pour M. du Bois-Raymond, et il nous donne cela comme un principe qu'il ne prend pas la peine de prouver !

à l'heure se voyait perdu sans ressource, et qui maintenant s'est cramponné à une planche et se laisse porter par elle sur les eaux (1) ; quand il n'y a pas à choisir entre la planche et le fond de l'eau, l'avantage est bien positivement pour la planche (2). » Il paraît toutefois que l'avantage n'est pas considérable, que la planche n'est pas très solide et que M. du Bois-Raymond est bien près de tomber au fond de l'eau, car voici ce qu'il pense de la théorie de la sélection : « Dès que cette théorie cherche à prendre pied sur le terrain solide des réalités, en descendant des nuages des possibilités générales, où elle se meut en toute liberté, elle rencontre des difficultés presque insurmontables (3). » Laissons M. du Bois-Raymond se cramponner à une planche si instable. Pour nous, tomber dans le sein de Dieu, dans cet océan sans fond et sans rivages, ce n'est pas un naufrage, c'est le port et le salut.

83. M. Contejean, professeur à la faculté des

----

(1) Cet homme a tellement peur de Dieu que la nécessité de le reconnaître serait pour lui comme un naufrage et une perte sans ressource, et que, plutôt que de confesser son existence, il serait prêt à tout accepter. Voilà à quel degré d'aveuglement peut porter la passion antireligieuse.

(2) *Questions scientifiques de Bruxelles*, janvier 1878, p. 157.

(3) *Revue scientifique*, 28 janvier, 1882.

sciences de Poitiers, est auteur d'un traité estimé de Géologie et de Paléontologie. Est-il transformiste ou ne l'est-il pas? La question est assez difficile à décider ; car d'un côté il apporte contre le transformisme en général et en particulier contre le darwinisme les arguments les plus sérieux (nous avons déjà eu l'occasion de le citer et nous le citerons encore) ; il affirme, comme l'expression de ses convictions, « que les preuves font défaut aux transformistes et que les faits semblent plutôt donner raison à leurs adversaires (1) ; » d'un autre côté, il nous dit que la doctrine des transformistes « a ses préférences (2). » Ainsi les faits et la raison le conduisent à droite, et néanmoins il se tourne vers la gauche. Une conclusion si peu logique aurait lieu de surprendre chez un homme de sens, si on ne savait d'ailleurs que M. Contejean professe ouvertement le matérialisme, et est aussi de ceux qui, comme M. du Bois-Raymond, veulent bien prendre la raison pour guide, mais à la condition qu'elle ne les conduise pas à Dieu.

84. Que conclure de tout ceci ? Évidemment

(1) *Traité de géologie et de paléontologie*, p. 468.
(2) *Revue scientifique*, avril 1881.

que tous ces matérialistes qui se font les apôtres du transformisme, n'ont pas une foi bien affermie dans la doctrine qu'ils cherchent à propager. Ils embrassent cette doctrine, bien moins par conviction, que parce qu'elle semble leur permettre d'expliquer l'univers sans l'intervention de l'Être suprême. C'est bien là aussi le motif qui entraîne à leur suite la foule de ceux qui ne sont pas capables de juger la question par eux-mêmes.

DEUXIÈME PARTIE.

RÉFUTATION DES DIFFÉRENTES BRANCHES DU TRANSFORMISME.

85. Les arguments que nous avons exposés dans la première partie contre le transformisme, s'appliquent à peu près tous aux différents partisans de cette doctrine, et nous pourrions presque nous en tenir à cette réfutation générale. Néanmoins, comme parmi les transformistes tous n'envisagent pas ce système de la même manière, ne lui donnent pas la même extension, ne le défendent pas par les mêmes raisons, nous le suivrons sous ces différentes formes. Nous allons donc examiner dans cette seconde partie : 1° le darwinisme ; 2° le transformisme spiritualiste ; 3° le transformisme s'étendant jusqu'à l'homme.

CHAPITRE I.

DARWINISME.

86. Le darwinisme ne diffère pas par son
objet du transformisme : l'un et l'autre attribuent les différentes formes que la vie revêt sur
la terre, aux seules forces de la nature, et les
font dériver les unes des autres, sans l'aide d'aucune cause surnaturelle (1) ; mais, tandis que le
transformisme se borne généralement à admettre
le fait, en se basant sur une certaine gradation
de formes qui existe entre les êtres organisés,
le darwinisme prétend avoir découvert les causes
naturelles qui amènent ces changements d'espèces, avoir trouvé des faits qui ne s'expliquent
que dans l'hypothèse transformiste, et avoir
ainsi apporté à cette doctrine des arguments propres à la faire accepter. C'est donc sur ce terrain que nous le suivrons. Commençons par jeter

(1) Nous nous adressons dans ce chapitre spécialement aux
darwinistes matérialistes et athées, bien que les arguments dirigés
contre eux atteignent souvent aussi les darwinistes spiritualistes.

un coup d'œil général sur l'arsenal du darwinisme, afin de voir quelles armes il renferme.

Les darwinistes expliquent l'origine de la vie sur le globe par la génération spontanée. Ils montrent dans la lutte pour la vie et la sélection naturelle la cause principale du passage d'une espèce à une autre et du progrès continu qui fait monter sans cesse, quoique d'une manière insensible, les organismes inférieurs à un état plus parfait. La sélection sexuelle et l'influence des milieux sont aussi pour eux des causes secondaires qui peuvent déterminer des changements d'espèces. Ils trouvent enfin dans le développement embryonnaire, dans les organes sans fonction et dans l'atavisme, des témoins du développement progressif des espèces.

Pour procéder par ordre dans la réfutation du darwinisme nous diviserons ce chapitre en quatre articles : 1° solution donnée par les darwinistes au problème de l'origine de la vie ; 2° causes auxquelles ils attribuent la transformation des espèces ; 3° faits qu'ils allèguent comme témoins de cette transformation ; 4° sophismes de Darwin.

ARTICLE I.

SOLUTION DONNÉE PAR LES DARWINISTES AU PROBLÈME DE L'ORIGINE DE LA VIE.

87. Les transformistes matérialistes et athées n'atteindraient pas le but qu'ils se proposent, si à un point quelconque de la série des transformations qu'ils imaginent, ils étaient obligés d'admettre l'action de Dieu. Si au début, par exemple, ils étaient obligés de reconnaître la toute-puissance d'un Dieu créateur, introduisant la vie sur la terre, leur système perdrait pour eux tout l'avantage qu'ils y prétendent trouver, et ils ne mettraient pas tant d'ardeur à le soutenir. De là pour eux la nécessité de trouver du moins *un premier être vivant* qui ne soit pas engendré par un être déjà doué de la vie, mais qui apparaisse de lui-même, sans l'intervention d'une cause surnaturelle, et qui soit le premier terme et le fondement de toutes les transformations ultérieures. C'est ce désir passionné d'écarter absolument Dieu du monde, qui leur a fait ressusciter dans ces derniers temps une erreur déjà vieille, et que l'on pouvait croire complè-

tement tombée dans l'oubli ; il s'agit de *la génération spontanée.*

§ I. — Génération spontanée. — Son histoire.

88. Parmi les organismes inférieurs, il en est
un grand nombre qui prennent naissance, sans
que l'on puisse constater, à moins d'une observation attentive et persévérante, s'ils sont issus
ou non de parents semblables à eux. On les
voit apparaître dans des lieux où l'on n'a jamais vu d'animaux de leur espèce : c'est ainsi
qu'un cadavre abandonné sur le sol pullule bientôt d'innombrables petits animaux vermiformes
que l'on dirait engendrés par la putréfaction
de la chair ; c'est ainsi encore que certaines matières organiques, la colle de farine, par exemple,
se recouvrent rapidement de moisissures, sans
qu'aucune semence apparente ait pu leur donner
naissance. Ces faits et beaucoup d'autres semblables avaient fait supposer que, dans certaines
conditions, des animaux ou des plantes pouvaient se produire, sans avoir été engendrés par
des êtres de même espèce, et on avait donné le
nom de génération spontanée à ce mode d'apparition de la vie. Aristote, Pline le naturaliste,

Plutarque professent cette croyance, qui était encore acceptée sans contestation jusqu'au milieu du dix-septième siècle. Depuis lors les observations de différents naturalistes, Redi, Swammerdam, Malpighi, Réaumur, nous ont appris d'une manière indubitable que ces générations prétendues spontanées ne différaient pas des autres, et qu'en observant avec assez de soin ces êtres inférieurs que l'on regardait comme engendrés spontanément, on finissait toujours par trouver qu'ils étaient issus d'êtres de même espèce.

Il reste pourtant quelques organismes tout à fait inférieurs dont l'origine, à cause de leur petitesse extrême, échappe à presque toutes nos recherches, et dont on ne peut guère constater directement le mode de reproduction. Ce sont les infusoires, dont le microscope seul a pu nous révéler l'existence. Si on prend de l'eau dans laquelle on a constaté l'absence de tout être vivant, et que l'on a fait bouillir, afin de détruire les germes qui pourraient s'y trouver, et si l'on y fait infuser des matières organiques, du foin, par exemple, du poivre, des légumes, de la viande, etc., et qu'on la laisse exposée à l'air, on trouve bientôt qu'elle contient une multitude d'animalcules d'une petitesse extrême, et dont on ne peut pas s'expliquer l'origine, après toutes les précautions prises pour écarter les germes qui auraient pu leur donner naissance.

On a trouvé, d'autre part, au fond des océans, à l'aide des sondages qu'on y a faits depuis un certain nombre d'années, des organismes aussi élémentaires ou même, prétend-on, plus élémentaires que ceux dont nous venons de parler. Telles sont les globigérines, minuscules coquilles calcaires de forme sphérique, contenant « une simple parcelle de gelée vivante, sans parties définies d'aucune sorte, sans bouche, sans nerfs, sans organes distincts... Elles manifestent leur vitalité uniquement par la faculté qu'elles possèdent, d'émettre ou de retirer, par tous les points de leur surface, des appendices filamenteux qui leur servent de membres (1). »

On a aussi trouvé, dans les mêmes lieux que les globigérines, une sorte de gelée transparente et visqueuse, contenant d'innombrables granules et des corpuscules arrondis auxquels on a donné le nom de coccolithes et de rabdolithes. Huxley a donné à cette gelée le nom de *bathy-*

____

(1) Huxley, cité par Lecomte, *Darwinisme*, p. 86.

bius (βαθύς profond et βίος vie). Ce serait pour ce
naturaliste et pour Hœckel un être vivant, et
tout ce qu'il y aurait de plus simple parmi les
êtres vivants, une parcelle gélatineuse amorphe,
jouissant de la vie. Hœckel le range parmi ses
monères, *organismes* qu'il dit sans *organes*, et
qu'il place tout à fait au bas de l'échelle des
êtres.

89. Voilà les faits sur lesquels les transformistes contemporains ont cherché un point d'appui pour soutenir leur système : ils ont voulu y
voir l'origine de la vie et les organismes primitifs,
d'où dérivent, par un progrès continu, tous les
êtres vivants. Ils ont prétendu que ces êtres inférieurs prenaient naissance spontanément, et que
la vie ne leur était communiquée par aucun être
vivant plus ancien qu'eux.

C'est vers 1878 que MM. Pouchet et Joly, pro-
fesseurs d'histoire naturelle, le premier à Rouen
et le second à Toulouse, prétendirent avoir constaté l'apparition d'infusoires dans de l'eau où ils
avaient fait macérer des substances organisées,
qu'ils avaient ensuite soumise à une température
voisine de l'ébullition et *préservée du contact des
corpuscules qui flottent dans l'air*. Appuyés sur

cette observation, ils essayèrent de ressusciter la doctrine des générations spontanées.

Les darwinistes se sont ralliés d'une manière plus ou moins explicite à cette doctrine, qui est nécessaire à leur système. Darwin dans ses ouvrages ne suit pas, il est vrai, l'origine des espèces jusqu'à ces limites extrêmes, mais il admire les recherches d'Hœckel sur ce sujet : « celui, dit-il, qui désire voir ce que l'habileté et la science peuvent produire, peut consulter les ouvrages du professeur Hœckel (1). »

§ II. — La doctrine des générations spontanées ne peut pas servir de base au darwinisme.

90. Nous avons fait, d'une manière très succincte, l'histoire de la doctrine des générations spontanées ; montrons maintenant que la confiance des darwinistes en cette doctrine est vaine et par conséquent que leur système croule faute de base. Voici les points que nous allons établir : 1° Quand bien même la génération spontanée serait une réalité, cela ne prouverait pas que la vie dérive de la matière. 2° Quand bien même la

(1) Lecomte, *Darwinisme*, p. 180.

monère d'Hœckel existerait, il incomberait aux
darwinistes de montrer le passage de cette monère
à une organisation supérieure. 3° Le bathybius est
une chimère ; les infusoires, coccolithes, globigérines, monères ne sont pas des êtres simples. 4° Il
n'y a pas de générations spontanées.

I. Quand bien même la génération spontanée
serait une réalité, cela ne prouverait pas
que la vie dérive de la matière.

91. Admettons pour le moment, si l'on veut, que
des êtres vivants puissent se constituer, en vertu
des lois naturelles, sans provenir par voie de génération de parents préexistants, cela prouvera-t-il qu'il n'y a pas de Dieu dans le monde ?
Mais ces lois qui régissent la matière, qui règlent
et dirigent l'affinité des molécules les unes pour les
autres, qui font qu'elles se groupent de telle et
telle manière, dans telle et telle proportion, et se
réunissent pour constituer un organisme, ces lois,
qui les a établies ? Est-ce le hasard ? Se sont-elles
faites toutes seules ? Encore une fois nous attendrons que les matérialistes en aient fourni la
preuve.

Mais ce n'est pas tout : voilà les molécules matérielles réunies ; l'organisme, en tant qu'il est un aggrégat de matière, est constitué : avons-nous un être vivant? Pas du tout. Ce quelque chose de mystérieux qui s'appelle la vie, qui fait l'essence de l'être organisé, ce quelque chose est absent : qui va le lui donner ? D'où vient-il pour les darwinistes ? De la matière inerte et sans vie ? mais comment trouveront-ils dans la matière ce qui n'y est pas, pour le donner à leur monère ou à leur bathybius !

Nous diront-ils que la vie ne se distingue pas des forces physiques et chimiques ? mais si ce sont les forces physiques et chimiques toutes seules qui constituent la vie, comment n'arrivent-ils pas à produire un être vivant : on sait les mettre en jeu ces forces, puisque les chimistes sont arrivés à reproduire un grand nombre de composés organiques ; qu'ils se mettent à l'œuvre, qu'ils réunissent la matière propre à constituer un organisme, qu'ils appellent à leur aide toutes les forces naturelles connues et qu'ils nous présentent un être vivant ; nous les attendons à cette épreuve.

D'un autre côté, si la vie n'est que le résultat de l'action des forces physiques et chimiques, comment expliquer la mort et la décomposition

qui en est la suite. Aujourd'hui vous avez sous
les yeux un être dans lequel s'accomplissent ré-
gulièrement tous les phénomènes de la vie ; il se
meut, il sent, les liquides nourrissiers circulent
dans ses vaisseaux, les molécules matérielles qui
le constituent sont maintenues, chacune à la
place qu'elle doit occuper, par un lien invisible...
Demain la vie est absente, et avec elle ont disparu
tous les phénomènes qui en sont la manifestation ; le lien qui retenait les pierres de l'édifice
est brisé, le voilà qui croule de toutes parts. Cependant les forces physiques et chimiques sont
toujours là, car la matière qui constituait le corps
n'a pas disparu avec la vie, et ces forces, inhé-
rentes à la matière, sont demeurées avec elle. Les
molécules sont soumises à la pesanteur aujourd'hui comme hier ; leur affinité les unes pour
les autres n'a pas changé et cependant elles
vont bientôt se disperser pour former de nouvelles combinaisons et rentrer dans le domaine
de la matière inerte et inanimée (1). Comment soutenir après cela que ce sont les forces

(1) On pourrait être tenté d'assimiler la mort à l'état d'une machine dont un rouage serait brisé, mais ce serait à tort. La machine dans ce cas cesse de fonctionner, mais les autres rouages ne
se dispersent pas, tandis que, lorsque la vie disparaît toutes les
molécules qui formaient l'être vivant prennent la fuite.

naturelles qui font la vie. Dans l'être vivant, il y a donc quelque chose de plus que ces forces, et ce quelque chose, la génération spontanée, entendue dans le sens des darwinistes, n'en explique pas la présence. Il y a là un problème insoluble pour ceux qui n'admettent rien en dehors de la nature, mais dont nous trouvons sans peine la solution, nous qui admettons l'action surnaturelle d'un Dieu créateur.

II. Quand bien même la monère d'Hœchel existerait, il incomberait aux darwinistes de montrer le passage de cette monère à une organisation supérieure.

92. Nous allons voir tout à l'heure ce qu'il faut penser de l'existence de la monère d'Hœckel et du *bathybius* d'Huxley ; supposons pour le moment leur existence démontrée, que s'en suivra-t-il pour les darwinistes? Cela prouvera-t-il que tous les êtres organisés, végétaux et animaux, en descendent? Les darwinistes l'affirment, il est vrai, mais où sont leurs preuves? Qu'ils nous montrent un seul cas qui établisse nettement le passage d'une monère à un être d'une organisation supérieure. C'est un tout petit

miracle que nous attendons d'eux ; qu'ils le fassent avant de nous demander de croire à leur affirmation ; jusque-là nous n'y verrons qu'une hypothèse purement gratuite.

III. Le Batybius est une chimère ; les infusoires, coccolithes, globigérines, monères, ne sont pas des êtres simples.

93. Non seulement les darwinistes ne peuvent pas nous montrer ces transformations désirées, mais nous pouvons leur contester jusqu'à l'existence même de ces organismes simples dont ils veulent faire comme le trait d'union entre la nature minérale et la nature vivante.

Commençons par le *bathybius*. Le désir de trouver un point d'appui au darwinisme a rendu Huxley un peu prompt dans ses affirmations, lorsqu'il nous a présenté, comme composée d'êtres vivants, cette boue gélatineuse que la sonde retire du fond des mers. D'autres naturalistes, non moins habiles et plus désintéressés, ont fait justice de cette prétendue découverte. MM. Buchanan et Murray, l'un chimiste et l'autre naturaliste de l'expédition du *Challenger* (1), à la suite d'un examen approfondi et consciencieux, ont reconnu que le fameux *bathybius* n'était qu'un vulgaire précipité de sulfate de chaux. Pour le mouvement de trépidation observé par Huxley et Hœckel, ce n'est autre chose que ce que les micrographes appellent le mouvement brownien, qui se retrouve dans tous les précipités floconneux et qui n'indique en aucune façon la présence d'un être vivant. Enfin pour les coccolithes et rabdolithes, on a reconnu que c'étaient les parties calcaires de deux espèces d'algues élémentaires, les coccosphères et les rabdosphères, qu'on recueille en abondance près de la surface de l'Océan (2).

D'un autre côté, M. A. Milne-Edwards, dans les sondages qui ont été faits par le vaisseau français *Le Travailleur*, a aussi constaté la présence de cette espèce de gelée, dont les transformistes ont voulu faire le *bathybius*; mais il a reconnu en même temps dans cette gelée « un amas de mucosités que les éponges et certains zoophytes laissent échapper, quand leurs tissus

----

(1) *Le Challenger* est un vaisseau anglais qui a été chargé de faire de nouveaux sondages dans la mer, postérieurement à la présentation du *bathybius* dans le monde savant.

(2) *Questions scientifiques de Bruxelles*, janvier 1878, p. 67 et suivantes, *Histoire du bathybius*, par M. de Lapparent.

sont froissés par le contact trop rude des engins de pêche (1). » Il est bon de remarquer que cette détermination de M. Milne-Edwards n'est pas en contradiction avec celle de MM. Buchanan et Murray ; ceux-ci ont déterminé la nature de la gelée et M. Milne-Edwards en a déterminé l'origine ; mais ni les uns ni les autres n'y ont vu l'organisme vivant sur lequel les darwinistes avaient fondé un instant de si belles espérances.

Au reste Huxley lui-même a été obligé de reconnaître qu'il s'était trop avancé et qu'il avait fait fausse route. Au congrès de l'association britannique, réuni à Sheffield en 1879, un partisan trop zélé du darwinisme ayant voulu lui faire honneur de la découverte du *bathybius*, il accueillit ce compliment par une plaisanterie et montra clairement qu'il n'était pas empressé d'en revendiquer la paternité.

Terminons cette histoire du *bathybius* par une observation : c'est que les partisans de Darwin, qui avaient accueilli avec enthousiasme la prétendue découverte d'Huxley, ont gardé un silence prudent sur les expériences qui l'ont réduite à sa juste valeur, et se sont bien gardés de publier cette déconvenue.

(1) *Revue scientifique*, 28 octobre 1882.

94. Les monères, entendues dans le sens d'Hœckel, qui les définit des *organismes sans organes*, ont-elles une existence plus réelle? Remarquons tout d'abord que les êtres microscopiques en général, infusoires, globigérines, diatomées, rotateurs, etc., ne sont pas sans organes; le microscope nous y révèle souvent une structure très compliquée, et, s'il en est, comme les monères (connues bien avant Hœckel sous le nom de monades), qui apparaissent comme un simple point sous les microscopes les plus grossissants, Hœckel et ses partisans ne sont pas en droit d'en conclure qu'ils sont dépourvus d'organes. Le grossissement du microscope n'est pas indéfini, et il est bien loin encore d'atteindre la dernière limite de la divisibilité de la matière : ainsi les cristaux ont une structure que le microscope ne peut nous découvrir; les molécules des corps ont une forme, le microscope ne nous la montre pas; les monères peuvent donc aussi avoir des organes, bien que nous ne puissions pas les découvrir. L'analogie d'ailleurs doit nous porter à conclure que les monères, comme tous les autres êtres vivants, sont pourvues d'organes, et que si nous ne les apercevons pas, c'est que leur petitesse dépasse la limite de grossissement de nos meilleurs microscopes. D'autre part, les mo-

nades se meuvent quelquefois avec une grande
vitesse, elles peuvent changer la direction de
leur mouvement ; or cela suppose un mécanisme
qui utilise la force et qui dirige son action vers
un point plutôt que vers un autre. Hœckel lui-
même reconnaît implicitement que ses monères
ne sont pas aussi simples qu'il le prétend, puisqu'il
en reconnaît plusieurs espèces ; si elles étaient
réduites à un simple point absolument dépourvu
de forme, comment pourrait-il les classer.

La conclusion à tirer de tout ceci, c'est que
l'existence de la monère entendue dans le sens
d'Hœckel est encore à prouver ; et que ces organismes simples dont les darwinistes ont besoin
pour servir de point de départ à la série de leurs
transformations leur font entièrement défaut.

IV. La génération spontanée, même réduite au cas des infusoires les plus simples, n'existe pas.

95. Lorsque MM. Pouchet et Joly essayèrent
de réveiller cette doctrine par leurs communications à l'Académie des sciences, on était si bien
convaincu de sa fausseté par les expériences antérieures, que pas un membre de l'Académie ne
prit leur parti, et qu'on vit toutes les sommités

de la science, MM. Flourens, Gratiolet, Milne-Edwards, Dumas, Pasteur, s'élever unanimement contre elle. M. Pasteur surtout, qui s'est fait une si brillante réputation dans l'étude des infiniment petits, et dont l'autorité est si grande en cette matière, entreprit de réfuter la doctrine des générations spontanées par les expériences les plus ingénieuses et les mieux conduites.

On était déjà persuadé que les êtres microscopiques qui apparaissent dans un liquide préalablement soumis à l'action de la chaleur et ainsi débarrassé de tout organisme vivant, provenaient de germes enlevés par les vents à la surface du sol, qui, demeurant suspendus dans l'air, pouvaient tomber dans le liquide. M. Pasteur entreprit de démontrer que c'était bien là réellement l'origine de ces infusoires. Pour s'assurer de ce fait et prouver en même temps que nul organisme ne provient directement de la matière non vivante, il fallait établir : 1° qu'aucun infusoire ne prend naissance dans un liquide, si ce liquide ne contient d'avance rien qui vive, ni aucun germe susceptible de se développer, et si l'on prend toutes les précautions nécessaires pour empêcher les germes d'y pénétrer du dehors ; 2° que si l'on recueille les poussières tenues en suspension dans l'air et qu'on les sème dans des liquides préalablement soumis à une température capable de tuer tous les germes qu'ils pouvaient contenir, on voit des infusoires prendre naissance et s'y développer (1). Or c'est là ce qu'a démontré M. Pasteur.

Nous serions beaucoup trop long si nous décrivions les nombreuses expériences qu'il a faites sur ce sujet, et surtout si nous exposions les précautions minutieuses qu'il a prises pour se mettre à l'abri de toute cause d'erreur. On peut voir tout cela en détail dans les comptes-rendus de l'Académie des sciences, années 1863 et 1864, et dans les journaux scientifiques de l'époque (2).

Voici en quelques mots la méthode qu'il a employée et quelques-unes des expériences qu'il a faites.

M. Pasteur a d'abord constaté que, si l'on met dans un ballon de l'eau contenant des matières minérales ou organiques dans lesquelles se développent d'ordinaire des infusoires, si l'on soumet

(1) On ne peut pas démontrer directement l'existence de ces germes et en suivre le développement, parce que, en général, ils ont un tel degré de ténuité, que nos meilleurs microscopes ne peuvent les faire découvrir ; mais la marche que nous venons d'indiquer suffit pleinement pour établir la non existence de la génération spontanée.

(2) *Les Mondes*, tome 2e, p. 20, 41, 214, 245, 384, 431, 481, 529 ; tome 3e, p. 557 ; tome 4e, p. 11, 175.

ce liquide à l'ébullition et qu'on ferme le ballon à la lampe, pendant que le liquide est encore tout chaud, il ne s'y développe aucun organisme.

Pour prévenir une objection que l'on pourrait faire à cette expérience, en disant que la présence de l'air est nécessaire à la génération spontanée, et que c'est son absence qui, dans le cas présent, empêche les organismes de prendre naissance, M. Pasteur l'a répétée de différentes manières, en laissant à l'air la liberté de pénétrer dans le ballon.

D'abord il procède comme nous venons de le dire, puis, au lieu de fermer le ballon à la lampe, il en bouche le col avec un tampon de coton cardé. Ce tampon n'empêche pas l'air de pénétrer, mais il arrête les germes suspendus dans l'air, et le liquide demeure complètement stérile. On arrive au même résultat en recourbant en forme d's le col du ballon. Cette disposition empêche aussi les germes d'y tomber tout en laissant à l'air un libre accès.

Maintenant pour s'assurer que ce sont bien réellement les germes contenus dans l'air qui donnent naissance aux organismes attribués à la génération spontanée, M. Pasteur fait passer, au moyen d'un aspirateur, dans un tube contenant du coton cardé, une certaine quantité d'air ; les corpuscules qui y sont suspendus se trouvent ainsi arrêtés dans cette espèce de filtre. Il secoue ensuite ce coton dans des liquides préalablement stérilisés par la chaleur, et où l'on a constaté, comme on vient de le dire, qu'il ne se développait pas d'organisme. On voit alors les infusoires se développer dans ces liquides, et on remarque que c'est précisément aux points des liquides où les poussières tombent, que les organismes commencent à apparaître.

On ne peut donc pas, après des expériences si concluantes, conserver de doute sur l'origine des générations prétendues spontanées.

96. Le célèbre physicien anglais M. Tyndall, dont l'habileté expérimentale est bien connue, et dont l'autorité dans le cas actuel est d'autant plus irrécusable qu'il professe ouvertement le matérialisme, a fait de son côté un grand nombre d'expériences qui l'ont amené à rejeter absolument les générations spontanées (1).

Son mode d'expérimentation diffère en quelque chose de celui de M. Pasteur, tout en conduisant au même résultat.

(1) Voir pour le détail des expériences, *Les Mondes*, t. 39, p. 133 et 307 et suiv. et t. 43, p. 207.

D'abord M. Tyndall est parvenu à reconnaître si l'air, sur lequel il expérimente, contient des poussières ou en est entièrement dépouillé. On sait que lorsqu'on fait pénétrer un rayon de soleil dans un appartement complètement fermé, les corpuscules contenus dans l'air deviennent visibles et permettent de suivre la marche du rayon solaire ; sans ces corpuscules la portion d'air traversée par la lumière ne se distinguerait en aucune manière du reste de l'air contenu dans l'appartement. C'est de ce phénomène que M. Tyndall est parti pour constater la pureté de l'air.

Pour faire ses expériences, il prend une boîte rectangulaire en bois, exactement fermée, mais munie de glaces sur ses quatre faces verticales ; il enduit de glycérine l'intérieur des parois de cette boîte, et il l'abandonne au repos pendant quelques jours. S'il fait passer à travers deux des glaces situées à l'opposé l'une de l'autre un rayon de lumière solaire ou de lumière électrique, et qu'il regarde à travers les deux autres glaces, il peut suivre sa marche dans la boîte au commencement de l'expérience ; mais au bout de quelques jours, tous les corpuscules en suspension dans l'air se sont collés aux parois recouvertes de glycérine et le rayon de lumière passe dans la boîte sans qu'on puisse y voir sa trace. C'est alors que

M. Tyndall juge l'air *optiquement pur*, c'est-à-dire, entièrement dépouillé des corpuscules qu'il contenait ; c'est alors aussi qu'il introduit dans cette boîte, avec les précautions convenables, des flacons ouverts, contenant les liquides sur lesquels il veut expérimenter, et après avoir eu soin de détruire par la chaleur tous les germes qui auraient pu s'y trouver. Dans ces expériences bien conduites, M. Tyndall a reconnu, comme M. Pasteur, qu'il ne se produisait jamais d'infusoires en présence de l'air complètement purifié. Ce patient et ingénieux expérimentateur a d'ailleurs varié ses expériences de mille manières et est toujours arrrivé au même résultat.

Vers 1876, un hétérogéniste (1) anglais, le docteur Bastian, a cru pouvoir entrer en lice avec MM. Tyndall et Pasteur. On trouvera dans *Les Mondes* (2) les réponses magistrales du premier à ce nouveau champion des générations spontanées. Le conflit engagé avec M. Pasteur n'a pas non plus tourné à la gloire du docteur anglais. Celui-ci s'était engagé à démontrer, en présence

(1) On donne ce nom aux partisans des générations spontanées (ἕτερος, autre, γεννάω, engendrer).
(2) T. 40, p. 57 et t. 42, p. 742.

d'une commission nommée par l'Académie des sciences de Paris, qu'il se formait spontanément des bactéries (1) dans un mélange, convenablement préparé, d'urine avec une dissolution de potasse. Le docteur Bastian vint à Paris, mais refusa d'accepter le programme proposé par la commission et demanda qu'on y fît une modification essentielle. La commission n'ayant pas accédé à sa demande, il repartit pour Londres sans vouloir faire ses expériences. Mais M. Pasteur a fait lui-même les expériences de M. Bastian, en réunissant toutes les conditions physico-chimiques que le docteur anglais prétendait suffire à la génération spontanée des bactéries. Or, en prenant les précautions nécessaires pour écarter du liquide en expérience les germes répandus dans l'atmosphère, M. Pasteur a constaté qu'il ne s'y produit aucun organisme vivant (2).

On peut donc considérer la question des générations spontanées comme écartée définitivement, et, puisque les darwinistes ont besoin de cette base pour asseoir leur système, on peut juger par là de la solidité de l'édifice qu'ils ont la prétention de bâtir.

(1) Espèces d'infusoires.
(2) *Les Mondes*, t. 43, p. 584 et 636.

ARTICLE II.

CAUSES AUXQUELLES LES DARWINISTES ATTRIBUENT
LA TRANSFORMATION DES ESPÈCES.

§ I. — Lutte pour la vie et sélection naturelle.

97. La lutte pour la vie et la sélection naturelle qui ne s'en sépare pas, fournissent à Darwin le principal et le plus spécieux de ses arguments ; c'est comme le pivot de son système, et c'est aussi ce qui l'a le plus accrédité. Il importe donc que nous examinions avec un soin tout spécial ce qu'il entend par ces expressions, et ce qu'il faut penser des conclusions qu'il en tire relativement à la transformation des espèces.

Que faut-il entendre avec Darwin par lutte pour la vie et par sélection naturelle ?

98. Nous l'avons déjà dit en quelques mots dans l'aperçu que nous avons donné du transformisme, au commencement de cet ouvrage ; nous allons en faire un exposé plus détaillé et plus complet, afin que l'on comprenne bien le sens

la portée que Darwin attache à ces expressions.

La lutte pour la vie (1), appelée aussi *concurrence vitale,* est, suivant Darwin, la conséquence nécessaire de l'exubérante fécondité des êtres de la nature, fécondité telle que, si elle n'était contrebalancée, la terre ne serait bientôt plus assez vaste pour les contenir.

Pour s'en rendre compte, il suffit de considérer que chaque espèce tend à se multiplier en suivant une progression géométrique, dont la raison est le nombre d'enfants qu'une mère peut engendrer dans tout le cours de sa vie. Supposons, par exemple, un couple qui puisse donner naissance seulement à 4 individus ; on peut considérer cette fécondité comme une des plus bornées ; en admettant qu'elle demeure constante, et qu'aucun couple ne meure avant d'avoir donné naissance à 4 descendants, au bout de 31 générations leur nombre serait déjà de plus d'un milliard. Que serait-ce, si nous prenions pour exemple certaines espèces dont la fécondité est prodigieuse : le pavot somnifère, dont un seul pied peut produire jusqu'à 36 mille graines ; la morue, dont la femelle porte à la fois 8 à 9 millions d'œufs? On a

____

(1) The struggle for life.

calculé « qu'un hareng dont la postérité ne subirait point de pertes, formerait à la vingt-deuxième génération une masse d'êtres dix fois plus considérable que le volume de la terre et que, si tous les glands d'un chêne qui vit cinq siècles, arrivaient à bien, la surface consolidée du globe ne suffirait pas à supporter tous les chênes issus de ce patriarche (1). » La terre n'étant envahie, ni par les pavots, ni par les chênes ; les mers n'étant comblées, ni par les morues, ni par les harengs, il faut donc que quelque loi naturelle vienne limiter cette fécondité surabondante et maintenir dans de justes bornes cet excès de vie qui tend à se produire sur notre globe.

C'est la *concurrence vitale* qui, d'après Darwin, remplit ce rôle : chaque être est obligé de *lutter* pour conquérir sa place au soleil, de disputer à son voisin la nourriture nécessaire à son existence. Si tous les êtres de même espèce naissaient absolument semblables, il n'y aurait pas de raison pour que les uns fussent vainqueurs plutôt que les autres ; mais il n'en est pas ainsi, et parmi les individus, non seulement de même espèce, mais encore issus des mêmes parents, il

____

(1) Coutance, *Lutte pour l'existence*, p. 213-238.

en est toujours qui ont quelque avantage que n'ont pas leurs congénères. Dans la lutte incessante pour la vie, les plus faibles, les moins avantagés succombent ; ceux qui ont le pied plus agile, l'oreille plus fine, la vue plus perçante, la mâchoire plus robuste, en un mot, ceux qui sont le mieux doués de la nature, restent maîtres du champ de bataille et s'emparent du butin.

Il se fait donc ainsi *un choix*, une *sélection*, à chaque génération qui s'avance pour envahir le globe. C'est ce choix que Darwin appelle *sélection naturelle* et qu'il regarde comme une conséquence nécessaire de la lutte pour la vie. Ce choix ne peut porter que *sur les modifications avantageuses dans la concurrence vitale ;* celles-ci seulement assurent la survivance des individus qui en sont doués. Toute autre modification est condamnée fatalement à disparaître. Les vainqueurs transmettent à leurs descendants, à quelques-uns du moins, les avantages qui les ont fait triompher dans la lutte pour la vie, et l'hérédité les fixe dans les générations suivantes. C'est ainsi que par un progrès lent, mais non interrompu, les êtres inférieurs franchissent les différents degrés de l'échelle des êtres et passent des espèces les plus infimes aux espèces les plus élevées et les plus parfaites.

C'est ainsi enfin que, d'après les darwinistes, on peut expliquer l'origine de toutes les espèces, sans l'intervention d'une cause surnaturelle.

La lutte pour la vie et la sélection naturelle ne sauraient expliquer la formation des espèces.

99. L'explication que Darwin donne de l'origine des espèces par la lutte pour la vie et la sélection naturelle, est-elle acceptable ? C'est ce que nous allons examiner, et nous nous proposons d'établir : 1° que la lutte pour la vie n'est pas un fait aussi général que les darwinistes le prétendent, et par conséquent n'a pas pu avoir l'influence qu'on lui prête sur l'origine des espèces ; 2° que la sélection naturelle ne peut pas être assimilée à la sélection artificielle, et que l'on ne peut pas conclure de l'une à l'autre ; 3° qu'il y a dans la nature des faits et des phénomènes qui ne peuvent s'expliquer par la sélection naturelle.

1° La lutte pour l'existence n'est pas un fait aussi général que les darwinistes le prétendent, et par conséquent n'a pas pu avoir l'influence qu'on lui prête dans l'origine des espèces.

100. Nous ne nions pas qu'il n'existe entre

les êtres des luttes dont l'enjeu est la vie même des compétiteurs ; mais ces luttes sont-elles si fréquentes qu'il y faille voir une loi générale de la nature, le moyen ordinaire dont elle se sert pour éliminer le trop-plein de la vie et ce qui a déterminé la formation des espèces sans l'intervention d'une puissance créatrice. Essayons de nous en rendre compte, et recherchons les causes qui limitent le nombre des existences, successivement dans le règne végétal et dans le règne animal.

101. *Lutte pour la vie dans le règne végétal.* — Nous trouvons une énumération presque complète de ces causes dans cette parabole si naturelle de la semence que nous propose l'Évangile (1) : *Exiit qui seminat seminare semen suam ; et dum seminat, aliud cecidit super viam et conculcatum est, et volucres cœli comederunt illud :* première cause, destruction des semences, soit par les oiseaux et les insectes, soit par quelque accident. *Aliud cecidit supra petram et natum aruit quia non habebat humorem :* seconde cause, la semence tombe sur un terrain où la plante ne peut vivre.

(1) Saint-Luc, VIII, 5.

Aliud cecidit inter spinas ; et simul exortœ spinœ suffocaverunt illud : troisième cause, la plante est étouffée par d'autres plantes. Ajoutons une quatrième cause qui pourrait rentrer dans la précédente : la destruction des plantes par les animaux et par l'homme.

1° La première cause qui restreint le nombre des végétaux, et peut-être celle qui en élimine le plus grand nombre, c'est la destruction des semences par les oiseaux, par les insectes et par mille accidents divers. Or, peut-on dire qu'il y ait là lutte pour la vie, puisque la vie proprement dite n'existe pas encore ? La graine lutte-t-elle contre l'oiseau qui la mange ; lutte-t-elle contre la graine voisine pour lui ravir sa place ? Peut-on dire qu'il y aura là quelque sélection, et que la graine qui ne sera pas mangée, échappera au bec de l'oiseau ou aux mandibules de l'insecte par quelque qualité propre à améliorer l'espèce ? Non évidemment.

2° Une seconde cause d'élimination, c'est que les semences tombent dans des lieux où elles peuvent germer et commencer à vivre, mais où elles ne trouvent pas les éléments nécessaires pour atteindre leur développement normal; le terrain est trop sec ou trop humide, trop argileux ou trop calcaire, trop ombragé ou trop exposé au soleil. Or, ici encore nous ne voyons point de lutte. Si plusieurs individus de la même espèce germent sur ce terrain qui ne leur convient pas, ils seront tous étiolés et périront, et si quelques-uns échappent et peuvent produire des graines, on ne prétendra pas sans doute qu'ils contribueront à améliorer l'espèce.

3° En troisième lieu les plantes sont étouffées par d'autres plantes. Ici il y a lutte, si l'on veut, lutte entre plantes d'espèces différentes, ou lutte entre plantes de même espèce. Les épines étouffent le bon grain, ou bien les graines, accumulées sur un trop petit espace, ont donné naissance à une touffe de plantes trop serrées qui se gênent les unes les autres et ne trouvent pas dans le sol les sucs nécessaires à leur entier développement. Dans ce cas, comme dans celui qui précède, tous les individus seront chétifs, et si quelques-uns l'emportent sur les autres, ils ne sortiront de la lutte qu'affaiblis et bien plus propres à faire rétrograder l'espèce qu'à la faire progresser.

4° La quatrième cause qui limite l'exubérance de la vie dans le règne végétal, c'est la destruction des plantes par les animaux et par l'homme. La plupart des animaux tirent leur nourriture du règne végétal. Ici nous voyons bien des mangeurs et des mangés, mais, de combat pour la vie, nous n'en voyons point. La plante, fixée au sol, ne peut pas fuir ; privée de mouvement, elle ne peut se défendre. Y a-t-il lutte entre le brin d'herbe et le mouton ? Le brin d'herbe qui est épargné, est-il épargné, parce qu'il a quelque qualité qui lui donne l'avantage sur son voisin ? Le mouton s'empare de celui qui se trouve le premier à sa portée, ou, s'il fait un choix, c'est pour se tourner du côté où la nourriture lui paraît plus appétissante. La sélection, au sens des darwinistes, n'existe donc point même dans ce cas.

L'homme, pour sa part, détruit peut-être plus de plantes que tous les animaux réunis. Qui pourrait compter le nombre d'existences que l'homme sacrifie, non seulement pour la nourriture et pour les autres nécessités de la vie, mais encore pour le luxe et pour l'agrément qu'il en retire ? Or y a-t-il dans ce fait de l'homme quelque chose qui puisse amener des changements d'espèces ? Il détruit indistinctement toutes les

plantes qui le gênent ou qui lui sont nuisibles ;
pour les autres, il choisit les meilleures, s'il y a
surabondance. Il est vrai que, par une culture
intelligente, il améliore les espèces qui lui sont
utiles ; mais ici il s'agit de la sélection artificielle
dont nous n'avons pas à nous occuper pour le
moment ; et d'ailleurs l'histoire est là pour dire
que si l'homme a créé des races, les espèces sont
demeurées ce qu'elles étaient dans les premiers
temps de l'humanité ; nous l'avons surabondamment prouvé ailleurs (1). Et puis l'homme,
étant venu le dernier sur la terre, n'a pu déterminer le changement d'espèces qui existaient
avant lui.

La conséquence qui ressort nettement de cette
analyse des faits, c'est que, pour le règne végétal, il n'y a pas de lutte proprement dite, et que,
si elle existe quelquefois en un certain sens, elle
n'a en aucune manière pour résultat la sélection
naturelle, entendue dans le sens de Darwin et
déterminant le passage d'une espèce moins parfaite à une espèce plus parfaite.

Cette première conclusion nous permet d'en

____

(1) Première partie, ch. II.

tirer une autre ; car, si la sélection naturelle ne peut pas expliquer la formation des espèces dans le règne végétal, qu'importe qu'elle puisse l'expliquer dans le règne animal ? Tout l'édifice bâti si laborieusement par les darwinistes pour se passer de l'intervention de Dieu devient inutile par là même et s'écroule ; en effet, s'il faut recourir à une cause surnaturelle pour expliquer la formation des végétaux, il serait pour le moins ridicule de dire qu'on n'en a pas besoin pour expliquer celle des animaux. Nous pourrions donc déjà nous abstenir d'examiner si la lutte pour la vie et la sélection naturelle trouvent une application dans le règne animal. Analysons néanmoins ce qui s'y passe, et nous verrons que, même dans ce cas, la concurrence vitale et la sélection naturelle, c'est-à-dire, la survivance du plus agile ou du plus fort, ne sont pas des faits généraux et ne peuvent pas suffire pour expliquer l'origine des espèces.

102. *Lutte pour la vie dans le règne animal.* — Comment la nature, pour les darwinistes, la Providence, pour nous, empêche-t-elle la multiplication trop grande des animaux ? Elle atteint ce but : 1° par la destruction des œufs et des petits ;

2° par la mort prématurée due au manque de nourriture ou aux maladies ; 3° par la destruction des mangés par les mangeurs.

1° Nous pouvons dire de la destruction des œufs ou des petits, incapables de fuir et de se défendre, ce que nous avons dit de la destruction des semences : il n'y a là, ni lutte, ni sélection.

2° Le manque de nourriture peut sans doute amener des conflits entre les animaux, *entre les mangeurs*, conflits dans lesquels la victoire restera au plus fort ou au plus agile ; mais cela est-il bien propre à déterminer une amélioration de l'espèce ? Si la famine est générale, tous, et les vainqueurs eux-mêmes, sortiront affaiblis de la lutte, et l'espèce tendra plutôt à rétrograder qu'à progresser. Si la disette n'est que locale, ceux qui ont souffert de la faim, quoique vainqueurs, seront-ils plus propres à perfectionner l'espèce que ceux qui n'en auront pas souffert, parce qu'ils se trouvaient dans une contrée où ne régnait pas la disette ? Non évidemment !

On peut raisonner de même pour le cas de la maladie. Voici trois individus d'une même espèce :

l'un reste bien portant, les deux autres sont malades ; de ces deux, l'un succombe et l'autre triomphe du mal, parce que, si l'on veut, il était mieux constitué. Il y aura donc deux survivants, l'un qui aura souffert de la maladie et l'autre qui n'en aura pas souffert ; prétendra-t-on que la sélection naturelle donnera l'avantage au premier sur le second pour améliorer l'espèce ? Non encore une fois !

3° Étudions la catégorie des animaux qui se nourrissent de proie vivante. Ici il y a lutte, *lutte entre mangeurs et mangés ;* mais est-ce constamment, est-ce même le plus souvent ? Combien de fois ne sont-ce pas des circonstances fortuites qui mettent en présence le mangeur et le mangé. Pour qu'il y ait lutte, il faut qu'il y ait quelque proportion entre la force ou l'agilité de l'animal carnivore et celles de la proie qu'il convoite ; autrement celle-ci succombe nécessairement ; et de plus, pour qu'il y ait sélection, il faut que le mangeur ait plusieurs proies à sa portée dont les unes puissent lui échapper par le fait de quelque avantage qu'elles ont sur les autres. Or ces conditions restreignent singulièrement le champ où la sélection naturelle pourrait avoir quelque influence. Ainsi, par exemple, un gros poisson en rencontre un petit sur son chemin, il le mange ; en quoi cela pourra-t-il améliorer l'espèce du petit? Un loup tombe au milieu d'un troupeau de moutons ; aucun mouton ne pouvant lutter de force et de vitesse avec le loup ; celui-ci prendra le premier qui lui tombera sous la dent ; où sera la sélection? Cette sélection ne pourra-t-elle pas même s'exercer à l'inverse de ce que prétend Darwin? Un animal se trouve en présence de plusieurs proies de même espèce, dont aucune ne peut lui échapper, pourquoi ne choisirait-il pas la meilleure?

Ainsi donc, *même dans le règne animal*, la sélection naturelle n'est pas, à beaucoup près, une loi générale de la nature, et on ne peut pas, sans manquer de logique, y voir la cause qui a produit l'immense variété des animaux.

Recherchons maintenant si l'on peut raisonnablement assimiler la sélection naturelle à la sélection artificielle.

II°. La sélection naturelle ne peut pas être assimilée à la sélection artificielle, et on ne peut pas attribuer à la première ses effets produits par celle-ci.

103. *Mode de procéder dans la sélection artificielle.* — Le point de départ du système de Darwin, et ce qui lui en a, sans aucun doute, suggéré l'idée, c'est le procédé dont on se sert pour modifier les races animales ou végétales. Pour cela on *choisit* parmi les individus d'une espèce ceux qui se rapprochent le plus du type que l'on veut obtenir, et on les allie ensemble ; on fait un pareil choix parmi leurs descendants, et on agit de même à chaque génération nouvelle. On arrive ainsi à accentuer peu à peu telle ou telle qualité, telle ou telle forme. Darwin a prétendu que la nature suivait la même marche et arrivait aux mêmes effets, ou plutôt arrivait, avec l'aide du temps, jusqu'à transformer les espèces. Nous avons à démontrer ici que Darwin, s'il n'a pas voulu faire illusion à ses lecteurs, s'est au moins fait illusion à lui-même. En effet il y a des différences essentielles à cet égard entre la sélection telle que les éleveurs la pratiquent et la sélection que ce naturaliste prête à la nature ; différence dans la

cause, différence dans les moyens, différence dans
les effets.

Différences entre la sélection naturelle et la sélection artificielle.

104. 1° *Différence dans la cause.* — Dans la
sélection artificielle, nous voyons à l'œuvre une
cause intelligente, qui se propose un but, qui est
capable d'attention et de soins ; Darwin le reconnaît lui-même et nous ne pouvons mieux faire que
de transcrire ici son avis : « L'importance de l'élection, dit-il, tient surtout au grand effet produit par l'accumulation, dans une direction déterminée, et pendant un grand nombre de
générations successives, de différences absolument inappréciables pour des yeux non exercés,
différences que j'ai moi-même en vain tenté d'apercevoir. *A peine un homme sur mille possède la
sûreté de coup d'œil et de jugement nécessaire*
pour devenir un habile éleveur. Celui qui, étant
doué de ces facultés innées, *étudie* longtemps son
art et y dévoue toute sa vie avec une indomptable
persévérance, peut réussir à opérer de grandes
améliorations. Mais si ces conditions lui man-

quent il échouera infailliblement (1). » Carl
Vogt ne demande pas moins d'intelligence et de
sagacité dans les éleveurs que n'en demande
Darwin : « Pour créer une race nouvelle, dit ce
naturaliste, pour développer ses caractères essentiels et dérivés, il *faut avoir ce coup d'œil d'aigle*
qui distingue la moindre nuance dans la conformation de l'individu naissant, et cette qualité
divinatrice qui *entrevoit d'avance* les modifications
auxquelles ces variations donneront lieu, quand
elles auront été accumulées dans une série de générations choisies et triées dans ce but (2). »

Après avoir exigé tant de prévoyance et une
telle sûreté de coup d'œil et de jugement dans
ceux qui travaillent à améliorer les races, comment Darwin et ses partisans peuvent-ils leur
assimiler la nature et nous la présenter comme
capable de produire les mêmes effets ? La nature,
telle que l'entendent les matérialistes, est-elle
clairvoyante, peut-elle se proposer de transformer une espèce en une autre, a-t-elle ce coup
d'œil d'aigle et cette sûreté de jugement capables
de distinguer les qualités propres à atteindre ce

(1) *De l'Origine des espèces*, p. 55.
(2) Carl Vogt. Traduction de l'ouvrage de Darwin sur la variation des animaux et des plantes à l'état domestique ; préface,
p. 10.

but, et d'en faire le choix? N'y a-t-il pas un manque de logique évident à assimiler dans leurs effets deux causes aussi différentes, à exiger une intelligence hors ligne pour pratiquer la sélection artificielle, et à supposer que la nature peut arriver à un résultat semblable, par le simple jeu de forces brutes et imprévoyantes?

105. 2° *Différence dans les moyens.* — Que font les éleveurs pour obtenir des variétés et améliorer les races? A chaque génération ils séparent avec le plus grand soin du reste de l'espèce les types qu'ils ont choisis, et quand ils ont obtenu une race bien caractérisée, ils prennent encore les mêmes soins, parce qu'ils savent que, s'ils laissaient les animaux suivre leurs instincts, il y aurait bientôt retour au type commun de l'espèce.

Or, dans la nature, les choses se passent tout à l'opposé; il y a promiscuité complète, et, si un individu se trouve avoir quelque qualité supérieure, elle tend sans cesse à disparaître par l'alliance avec des individus qui n'en sont pas doués. Comment peut-on supposer que dans de pareilles conditions les espèces arrivent à se transformer en des espèces plus parfaites? Au reste on a fait

le calcul (1) que, « si une même modification
avantageuse s'est déclarée chez quatre individus
sur cent d'une même espèce, et que le nombre
des individus croisse cent fois à chaque génération nouvelle, la probabilité de rencontrer à la
quatrième génération des descendants du sang
pur, provenant de la modification primitive, est
exprimée par la fraction 0,00000000000000429 »
(429 précédé de 14 zéros) ; ce qui montre clairement l'invraisemblance des changements d'espèces par la sélection naturelle.

106. 3° *Différence dans les effets.* — Les éleveurs et les horticulteurs, malgré les soins les
plus intelligents continués avec persévérance, ne
parviennent pas à changer les espèces ; ils arrivent seulement à créer des races ; nous l'avons
suffisamment prouvé (2). Bornons-nous ici à
confirmer ces preuves par le témoignage de
M. Milne-Edwards (3). « De nos jours on a produit des races de moutons, de bœufs et de chevaux, caractérisées par des qualités très remar-

(1) Seidel cité par Pfaff, voir *Questions scientifiques de Bruxelles*, janvier 1878, p. 272.
(2) Pages 26 et suiv.
(3) *Cours élémentaire de zoologie*, 8° édit., p. 343.

quables... Mais cette puissance modificatrice a toujours des limites étroites et *elle n'efface jamais le cachet distinctif de l'espèce zoologique.* »

La sélection naturelle, au contraire, quoique incapable de soins et de prévoyance, serait parvenue non pas seulement à créer des races, mais des espèces, et non pas seulement quelques espèces, mais toutes les espèces qui peuplent la terre. Comment expliquer qu'avec une cause et des moyens incapables de produire un effet, cet effet se produise, et qu'il ne se produise plus, lorsqu'on emploie les moyens les plus aptes à l'obtenir? Voilà un problème que nous invitons les darwinistes à résoudre.

III. Il y a dans la nature des faits et des phénomènes qui ne peuvent s'expliquer par la sélection naturelle.

107. Constatons tout d'abord que, dans cette théorie de Darwin, il n'y a place que pour le hasard et la fatalité ; l'intelligence qui prévoit, qui combine, qui dirige, qui tend à une fin est complètement absente.

On nous y parle de modifications avantageuses d'organes, de membres qui deviennent plus agiles et plus forts, de sens qui deviennent plus parfaits; mais tout cela suppose déjà *des membres et des sens préexistants*. Ces membres et ces sens, comment sont-ils survenus à l'être ou aux êtres simples et sans organes qui, d'après les darwinistes, servent de point de départ aux séries animales et végétales? On ne nous le dit pas. *Ces modifications avantageuses* qui viennent s'y ajouter, *d'où viennent-elles?* On ne nous le dit pas davantage. Mais puisque le but avoué du système est de se passer de Dieu, d'écarter toute cause surnaturelle, on suppose donc que ce sont les forces naturelles qui leur ont donné naissance. Or à laquelle de ces forces attribue-t-on ces effets? Est-ce à l'affinité chimique, à l'attraction, à la chaleur, à la lumière, à l'électricité? Est-ce à quelque force inconnue et innommée? Est-ce à l'action combinée de ces forces? Là-dessus on ne précise pas, on ne dit rien; pour une bonne raison sans doute. Quoi qu'il en soit, il nous suffit de constater que toutes les forces naturelles, si l'on écarte l'action dirigeante de Dieu, sont des *forces aveugles, inintelligentes et fatales.*

Nous pouvons dire la même chose du choix qui se fait de telle modification plutôt que de telle autre. Qu'est-ce qui détermine ce choix? L'utilité du moment, l'avantage actuel qui donne à un être la prééminence sur son voisin? Mais là encore, en dehors de l'action de la Providence, nous ne voyons que le hasard et la fatalité.

Or nous avons déjà vu dans la première partie de cet ouvrage (1) que les évolutionistes athées ne peuvent expliquer dans leur système la formation des organes complexes des animaux et des plantes, précisément parce qu'ils écartent l'action intelligente de la Providence, pour la remplacer par des forces aveugles et fatales ; les partisans de la sélection naturelle, n'ayant recours eux-mêmes qu'à de semblables forces, ne peuvent donc pas plus les expliquer que les autres, et leur système se trouve condamné par ce que nous avons dit à ce sujet. Il est inutile par conséquent d'y revenir.

Appelons seulement ici l'attention sur quelques faits fort singuliers et sur des phénomènes très compliqués, qui ne peuvent se concilier avec la théorie de la sélection naturelle. Nous ne pourrions pas les étudier tous sans allonger outre mesure ce paragraphe ; bornons-nous aux suivants.

____

(1) Chap. IV.

La sélection naturelle ne saurait expliquer les transmigrations des parasites, le développement initial des organes et les instincts des animaux.

108. 1° *Transmigrations des parasites.* — Il est des animaux qui sont logés chez d'autres et qui vivent à leurs dépens, ce sont les entozoaires ou parasites ; il n'est peut-être pas d'animal qui n'ait les siens, et l'homme lui-même sert d'hôtellerie à une trentaine d'espèces de vers, sans compter les infusoires, les champignons, etc. Parmi ces parasites, il en est dont l'existence, le développement complet et la propagation sont soumises à des conditions fort étranges. Ils prennent naissance dans le corps d'un animal d'une espèce déterminée, chez lequel se passe la première phase de leur vie. Pour qu'ils puissent accomplir la seconde phase et se reproduire, il faut que leur premier hôte soit mangé par un autre d'une espèce différente et également déterminée ; sans cela ils meurent prématurément et sans postérité. Il est même des parasites qui ont besoin de trois êtres différents pour accomplir le cycle complet de leur existence. Citons quelques exemples.

Le ténia ou ver solitaire passe la première partie de son existence dans la chair du porc à l'état de cysticerque (1), et subit la phase adulte dans l'estomac humain sous la forme de ténia. Le cysticerque du lapin deviendra le ténia du chien, s'il a la chance de voir son hôte mangé par celui-ci. Le chat a aussi son ténia, qui commence par être cysticerque chez la souris. Le cerveau du mouton nourrit un cœnure qui devient ténia dans le loup, si celui-ci mange le mouton. Les végétaux ont aussi des parasites à transmigrations ; ainsi la rouille du blé passe la première phase de son existence sur l'épine-vinette (*berberis vulgaris*) et la seconde sur le froment.

Comme exemple de parasites à trois migrations on peut citer les distomaires. « De l'œuf du distome sort un être imparfait qui ne ressemble pas à sa mère, c'est une larve ciliée. Dans l'intérieur de cette larve se développe un animal semblable à un sac mobile, sans organes internes et agame ; ce sac ou sporocyste se fixe sur des mollusques ou sur des insectes. Dans ce sac nais-

(1) C'est ce qui donne lieu à cette maladie des porcs, connue sous le nom de ladrerie, maladie caractérisée par la présence dans le tissu cellulaire de cet animal de petits boutons blancs ou bleuâtres ; ces boutons ne sont autre chose que des espèces de sacs (kystes) renfermant les cysticerques.

sent par bourgeonnement des êtres différents par la forme, les cercaires. Ceux-ci sont des sortes de têtards munis d'une queue à l'aide de laquelle ils peuvent nager et gagner quelques domiciles nouveaux, tels que des lymnées et d'autres mollusques, des vers, des crustacés, des insectes même. Là ces cercaires s'enkystent et attendent leur délivrance du passage de leur hôte dans un estomac, homme, bœuf, mouton, etc. Perdant leur queue, ils deviennent adultes et sexués, et peuvent produire l'œuf qui recommence la série... »

« Ainsi trois êtres sont nécessaires pour le complet développement des distomaires (1). »

Comment des espèces aussi singulières et dont l'existence est aussi accidentée, auraient-elles pu se former par la sélection naturelle ? D'après les principes de la théorie darwiniste, *les organismes n'arrivent à un état compliqué qu'après avoir passé par un état plus simple ; ils ne passent d'un état à un autre que par degrés insensibles ; enfin ils n'acquièrent une complication qu'autant que cette complication leur est utile dans la*

______

(1) Coutance, *Lutte pour l'existence*, p. 326.

concurrence vitale. Voyons si ces principes trouvent ici leur application.

La génération alternante des parasites est évidemment un mode d'existence très compliqué, et dans la série des changements qui ont eu lieu depuis la *monère* jusqu'au ténia, ou jusqu'à la rouille du blé, il a dû y avoir un point où la transmigration a commencé à devenir nécessaire. Nous voudrions bien que les darwinistes nous expliquassent comment, arrivé à ce point, l'animal ou le végétal a pu passer *par degrés insensibles* de l'état antérieur à l'état postérieur, et comment la nécessité de la transmigration peut constituer un progrès, et être de quelque utilité dans la concurrence vitale.

D'abord entre vivre dans un animal et vivre hors de lui, entre subir une transmigration et ne pas la subir, il n'y a pas de degré; on ne peut pas dire que le ténia a passé d'abord au quart, puis à moitié, aux trois quarts et enfin en entier dans le deuxième animal auquel son existence est liée. Par conséquent le passage de l'espèce précédente à l'espèce suivante a dû se faire brusquement, contrairement aux principes du darwinisme, et dès lors on a le droit de demander comment cette transmigration dans le corps d'un autre aminal est devenue tout à coup nécessaire pour le développement d'une espèce qui n'en avait pas besoin auparavant.

D'autre part, cette nécessité de trouver deux ou trois êtres différents afin d'accomplir le cycle complet de leur existence et d'arriver à conserver l'espèce, bien loin d'être un avantage pour les parasites, multiplie au contraire les chances de mort prématurée, et doit entraver, dans une proportion considérable, la multiplication de l'espèce. Quelle série de conditions, par exemple, sont nécessaires pour que le distomaire puisse donner naissance à des descendants! Il faut qu'il ne soit pas mangé à l'état de larve. A l'état de sporocyste, il faut qu'il trouve un hôte pour se réfugier, et pour vivre. Cercaire, il ne faut pas qu'il soit mangé, et il doit trouver un nouveau domicile pour subir une nouvelle métamorphose. Enfin cercaire enkysté, il faut qu'il soit mangé sous peine de périr inachevé et de s'éteindre sans postérité. Voilà certes une vie bien aventureuse, et il est difficile de voir quel avantage celui qui est obligé de la mener, peut avoir dans le combat pour la vie sur celui qui n'est pas assujetti à des changements de domicile si fréquents et si chanceux.

Enfin comment croire que le seul hasard de la sélection naturelle ait présidé à cet enchaînement compliqué de métamorphoses. « Elles sont ordonnées de telle façon, que le moindre accident peut en déranger l'économie. Pour que ces relations persistent, il faut que les huit formes vivantes liées à l'évolution dont nous parlons, demeurent invariables ; toute modification introduite dans la larve, le sporocyste, le cercaire libre, le cercaire enkysté, le distome adulte, l'œuf, l'asile du sporocyste, celui du cercaire enkysté, celui du distome adulte, produirait un bouleversement dans ce mécanisme si complexe ; de même qu'il suffit qu'une dent d'engrenage se brise dans une machine, pour que l'ensemble se détraque. Non les forces physico-chimiques seules sont incapables de maintenir une telle combinaison, et surtout de la maintenir indéfiniment au milieu du conflit des choses extérieures (1). »

____

(1) Coutance, ouvrage cité, p. 327.

109. 2° *Développement initial des organes.* — Darwin dit lui-même dans son livre de l'origine des espèces : « Si l'on pouvait démontrer l'existence d'un organe compliqué qui n'aurait pu être formé par une *série de nombreuses et légères modifications*, ma théorie serait absolument renversée. » Cet aveu est une conséquence forcée des principes que nous venons de rappeler (n° 108.)

Cette démonstration que demande Darwin nous pouvons la donner sans peine. En effet dans la plupart des cas les organes n'ont d'utilité que quand ils ont acquis leur développement normal. Par exemple, « d'après Darwin la giraffe n'a acquis sa longue queue que pour se défendre contre les mouches ; il en est de même de nos bœufs... Nous ne nions pas que la queue du bétail n'ait pour lui l'utilité indiquée, mais nous prétendons que, s'il avait été autrefois sans queue, la sélection naturelle n'aurait pu la lui faire pousser. Cette queue en effet n'aurait pu pousser qu'avec une extrême lenteur » et aurait dû commencer par être très courte. « Or à quoi peut servir une queue d'un ou deux centimètres pour protéger les bœufs contre les mouches? Par conséquent, d'après les principes mêmes de Darwin, la queue des bœufs n'aurait jamais pu se former, puisque la sélection naturelle ne conserve ces petites et lentes modifications qu'autant qu'elles sont, dès leur apparition, utiles à l'animal qui les possède. »

« On pourrait raisonner de la même manière dans une foule d'autres circonstances. Ainsi la toile que tisse l'araignée lui est extrêmement utile pour prendre sa proie; » mais de quel usage aurait pu être l'organe qui sécrète le fil avec lequel elle la tisse, lorsque cet organe commençait seulement à se développer? « Absolument d'aucun, évidemment. Les modifications initiales qui auraient servi de point de départ à cet organe de l'araignée, n'ont donc pu être fixées par la sélection (1). » Il est inutile de multiplier davantage les exemples.

110. 3° *Instinct des animaux*. — Certains animaux accomplissent des actes qui semblent indiquer en eux un degré d'intelligence remarquable. Ils prévoient d'avance leurs besoins ou les besoins de leur progéniture, ils se proposent d'y pourvoir, ils emploient et combinent pour cela les moyens les plus industrieux. Citons comme exemple :

(1) Lecomte, *Darwinisme*, p. 64 et 65.

L'araignée, cette chasseresse rusée, qui tisse si artistement sa toile pour saisir au passage le gibier dont elle fait sa nourriture.

Le fourmi-lion, qui creuse dans le sable un trou en forme d'entonnoir pour faire tomber entre ses mandibules une proie plus agile que lui. Quoi de plus curieux et de plus intéressant que de le voir, marchant à reculons, tracer un sillon en forme de spirale et creuser son piège en lançant au dehors, à l'aide de sa tête, le sable dont il veut se débarrasser. Il n'est pas moins surprenant de voir quelle habile manœuvre il emploie, pour amener à sa portée l'insecte imprudent qui s'est aventuré sur les parois instables de son entonnoir. Le corps entièrement caché dans le sable, il lance avec sa tête, dissimulée au fond du trou, une pluie de sable sur la proie qu'il convoite, et détermine ainsi un éboulement qui l'entraîne et lui permet de la saisir.

C'est surtout quand il s'agit d'assurer la perpétuité de l'espèce, de choisir un lieu et de préparer des aliments appropriés à leur progéniture, que les animaux usent d'une prévoyance et d'une industrie merveilleuses. Prenons encore des exemples parmi les insectes, car les êtres inférieurs ne le cèdent pas sous ce rapport aux êtres d'une organisation plus parfaite.

Les ichneumons, à l'aide d'une tarière fixée à l'extrémité de leur abdomen, introduisent dans le corps d'une chenille vivante un nombre d'œufs proportionné à la quantité de nourriture que les larves pourront y trouver. Les œufs éclos, les jeunes larves se nourrissent de la chenille et la dévorent toute vivante, car elles ont soin de ne point attaquer les parties essentielles à la vie. Quelques espèces tuent la chenille et en sortent, quand elles ont atteint leur croissance. D'autres laissent la chenille passer à l'état de chrysalide, en même temps qu'elles passent elles-mêmes à l'état de nymphe. C'est ainsi que les amateurs de papillons qui recueillent et nourrissent des chenilles, afin d'avoir des papillons frais et encore revêtus de toutes leurs couleurs, sont quelquefois tout étonnés de voir sortir d'une chrysalide des ichneumons, au lieu du papillon qu'ils attendaient.

Un autre hyménoptère, le cercéris bupresticide, enfonce, à coup sûr, son dard empoisonné dans les ganglions thoraciques des buprestes et les plonge ainsi, sans les tuer, dans un engourdissement léthargique. Il transporte ensuite sa victime dans le lieu où il a déposé ses œufs, afin que les jeunes larves, après leur éclosion, trouvent à leur portée la proie toute fraîche qui leur convient.

111. Qui a appris à l'araignée l'art de tisser sa toile, au fourmi-lion cette savante manœuvre qui le rend maître de sa proie? D'où vient à l'ichneumon cette prévoyance de déposer ses œufs dans le corps d'une chenille, et au cercéris cette habileté qui lui fait trouver le point vulnérable du bupreste avec plus de sûreté que le plus habile anatomiste? Est-ce l'éducation et l'exemple qui les ont instruits? Mais ces insectes n'ont jamais connu leurs parents et ne les ont pas vus à l'œuvre. Est-ce l'expérience qui a conduit l'araignée et le fourmi-lion à employer leurs ruses de guerre? Non, ils atteignent du premier coup la perfection de leur art; ils ne font pas mieux à la fin de leur vie qu'ils n'ont fait au commencement; c'est une science innée chez eux. Ils ne savent pas faire autre chose et ne savent pas faire autrement. Qu'est-ce qui peut porter l'ichneumon et le cercéris à préparer pour leur postérité des aliments dont ils ne se nourrissent pas eux-mêmes, puisqu'ils ne sont pas carnivores, comme le sont leurs larves?

C'est l'instinct inné et inconscient qui pousse les insectes à ces actes si surprenants; ce n'est pas l'intelligence qui apprend et qui perfectionne. Cependant cette industrie, ces manœuvres compliquées, cette prévoyance, ces moyens si bien choisis pour atteindre un but précis et déterminé, supposent quelque part une intelligence. Cette intelligence, où est-elle? D'où vient-elle? Sont-ce les forces physico-chimiques qui lui donnent naissance et qui la font agir? Darwin l'attribuera-t-il à la sélection naturelle? Mais comment des forces aveugles peuvent-elles se proposer un but et choisir des moyens pour l'atteindre? Comment la sélection naturelle peut-elle faire produire aux animaux des actes intelligents, alors qu'elle n'en peut produire elle-même?

112. *Objection.* — Darwin prétend que la sélection et l'accumulation de modifications avantageuses survenues dans l'organisation mentale, par les mêmes causes qui produisent des modifications légères dans l'organisation physique, ou par d'autres causes *inconnues*, est ce qui amène le plus souvent les transformations et les acquisitions d'instincts. (*Origine des espèces*, ch. VII.) M. G. Pouchet attribue l'origine et le progrès des instincts à des habitudes acquises par les animaux, et qui, si elles sont utiles pour la conservation de l'espèce, se transmettent à leurs descendants : il définit l'instinct *un ensemble d'habitudes acquises*

à la longue et fixées par l'hérédité. (Revue des Deux-Mondes, février 1870.)

Réponse. — Toutes ces affirmations des darwinistes sont de pures hypothèses, contredites par les faits. L'observation nous apprend que l'instinct des animaux est quelque chose d'invariable et d'uniforme ; on ne peut donc pas supposer qu'il est susceptible de modifications, et que l'animal qui est dirigé par lui peut acquérir des habitudes différentes de celles qu'il tient de la nature.

En pourrait-il acquérir, comment les transmettrait-il à ses descendants ?

Serait-ce par hérédité ? Mais a-t-on vu quelquefois des qualités de ce genre transmises par hérédité ? Quand on a dressé, par exemple, un animal à faire certains actes, transmet-il l'habitude qu'il a prise de les faire à ses descendants ? On peut bien parvenir à fixer par l'hérédité chez les animaux certaines modifications physiques, mais pour ces qualités qui tiennent plus ou moins à l'intelligence, sont-elles aussi transmissibles par hérédité ? Il faudrait bien que les darwinistes nous en fournissent la preuve.

Serait-ce par imitation ou éducation, que les

descendants arriveraient à tirer profit de ces habitudes instinctives acquises par leurs parents?
Mais combien, parmi les animaux chez lesquels
l'instinct est le plus développé et le plus merveilleux, ne connaissent jamais leurs parents? Les
ichneumons, les cercéris, les fourmis-lion, etc., les
ont-ils jamais vus à l'œuvre pour les imiter?
C'est donc bien gratuitement que les darwinistes
nous représentent l'instinct donné aux animaux
par l'intelligence divine, comme engendré par
la sélection naturelle.

113. Ce principe de Darwin n'explique donc pas
tout dans la nature. Il ne saurait remplacer l'action de Dieu et de la Providence, et les darwinistes
veulent nous faire illusion ou se font illusion à
eux-mêmes, lorsqu'ils prétendent que le bel édifice du monde organique a été bâti par un architecte aussi inhabile et aussi peu clairvoyant
que celui qu'ils nous présentent (1).

(1) Darwin met encore en avant une autre sorte de sélection,
qu'il appelle sélection sexuelle, et à laquelle il attribue aussi, quoique d'une manière très secondaire, le pouvoir d'opérer la transformation des espèces. Nous croyons assez inutile, vu son peu
d'importance, de nous en occuper. Disons seulement que les vues
de Darwin sur ce sujet sont des hypothèses purement gratuites, et
dont il ne saurait apporter de preuves. (On peut voir sur ce point
l'abbé Lecomte, *Darwinisme*, p. 59 et 60.)

Comme, d'autre part, de l'aveu même des darwinistes « la théorie de la sélection naturelle est la partie *la plus solide* des fondements sur lesquels repose la doctrine de la descendance (1), » nous pouvons conclure déjà, avant même d'examiner les autres arguments de Darwin, que cette doctrine ne repose sur aucun fondement solide et n'est pas de nature à entraîner la conviction d'un esprit sérieux.

114. Dans la première partie de cet ouvrage (17), nous avons dit que les transformistes s'efforçaient d'expliquer le manque d'intermédiaires entre les espèces, en disant qu'ils avaient disparu,

(1) Claus, *Traité de zoologie*, p. 176. M. Claus, qui attribue à la sélection naturelle cette prépondérance sur les autres arguments des darwinistes, ne lui donne pas néanmoins une valeur bien grande ; car voici l'appréciation qu'il en fait (p. 123) : « Si nous soumettons à la critique les arguments sur lesquels reposent la théorie de la sélection de Darwin et la théorie du transformisme basée sur elle, nous arrivons bientôt à la conviction que la science est actuellement impuissante à nous en donner une démonstration directe, et le sera peut-être toujours ; car cette doctrine s'appuie sur des hypothèses que l'observation ne peut vérifier. » Ce naturaliste cependant se montre partisan convaincu du transformisme, et trouve que les adversaires de cette doctrine, «..... ceux qui sont fidèles au dogme... et aux idées traditionnelles... sont aveuglés par les préjugés » (p. 122). On voit, par ses propres aveux, de quel côté est la logique et de quel côté sont les préjugés.

et nous avons remis à examiner plus loin l'explication que donnent les darwinistes de cette disparition ; c'est ici le lieu d'en parler, parce qu'ils attribuent cette disparition à la sélection naturelle.

Voici l'explication que donne M. Claus (1) :

« On a demandé avec raison pourquoi nous ne trouvons plus dans la nature les intermédiaires innombrables qui, d'après la théorie, ont existé entre les variétés et les espèces..... A cela on peut répondre que la sélection naturelle est excessivement lente et n'agit que lorsque apparaissent des variations avantageuses, que parmi les variations, ce sont toujours celles qui divergent le plus, qui sont le mieux douées pour soutenir la lutte pour l'existence, que, par conséquent, les nombreux degrés intermédiaires peu marqués ont depuis longtemps disparu, lorsque dans le cours des temps une variété reconnaissable comme telle, arrive à se développer. La sélection naturelle marche toujours concurremment avec la destruction des formes intermédiaires, et fait disparaître par le perfectionnement non seulement d'habitude la forme souche, mais sûrement, dans tous les cas, les passages successifs les uns après les autres. »

______

(1) *Traité de zoologie,* p. 124.

Nous pourrions faire remarquer que cette réponse est un tissu d'assertions gratuites et d'hypothèses sans fondement, mais il nous suffira de dire, pour montrer la non-valeur de cette explication, que la sélection naturelle, n'ayant point opéré les changements d'espèces, comme nous l'avons prouvé dans ce paragraphe, n'a pu amener la destruction d'intermédiaires qui n'ont jamais existé.

§ II. — Adaptation au milieu.

115. C'est un fait que nous nous garderons de contester, les changements dans les conditions extérieures de la vie amènent souvent des changements dans l'organisme. La température plus ou moins élevée, la lumière plus ou moins vive, la sécheresse ou l'humidité, la composition du sol, la nature ou l'abondance de l'alimentation exercent sur les êtres organisés une influence qui peut se traduire par des changements extérieurs très sensibles. Ce sont ces variations ainsi déterminées que l'on désigne sous le nom d'adaptation des êtres au milieu dans lequel ils se trouvent transportés. En voici quelques exemples.

116. Les renoncules aquatiques vivent ordinairement submergées. Si, par suite de l'abaissement des eaux ou de l'accroissement de leurs tiges, elles viennent à se développer en partie hors de l'eau, leurs feuilles changent de forme. Les feuilles submergées sont découpées en lanières nombreuses et capillaires ; celles qui se développent hors de l'eau se raccourcissent, s'élargissent et se divisent seulement en trois ou cinq lobes. On ne croirait pas qu'elles appartiennent à des plantes de même espèce, si on ne les voyait réunies sur le même pied. Les feuilles des myriophylles, des callitriches, des potamogétons subissent des changements analogues, suivant qu'elles se développent hors de l'eau ou qu'elles sont submergées.

Le ricin et le réséda odorant, sous notre climat, sont herbacés et annuels ; en Afrique ils sont arborescents et vivaces (1). Le cerisier à Ceylan, le pêcher au Para gardent leurs feuilles toujours vertes. Nos légumes d'Europe se modifient sous les tropiques ; il en est de même de la vigne, sous le climat du Cap (2).

Dans le règne animal, on voit se produire des faits semblables.

(1) Godron, *De l'Espèce*, p. 78.
(2) Faivre, *La Variabilité des espèces*, p. 22 et 25.

Les animaux, transportés d'un climat chaud dans un climat froid, se recouvrent de poils plus serrés et plus longs, et c'est le contraire qui se produit, quand la migration a lieu en sens inverse.

En Guinée, les moutons sont couverts, comme les chiens, d'un poil clair et noir ; dans l'Inde les chevaux et les chiens, transportés de la plaine dans les montagnes, y sont bientôt couverts de laine, comme la chèvre à duvet de ces climats.

Le milieu n'influe pas seulement sur le pelage, il modifie les formes et les caractères extérieurs. Les bêtes à cornes de l'Europe deviennent plus petites aux Indes orientales. Les bœufs, introduits au cap de Bonne-Espérance par les colons hollandais, étaient lourds et paresseux ; sous ce climat nouveau, ils sont devenus d'excellentes bêtes de course et de trait (1). Le bœuf *camard* de Buénos-Ayres et de la Plata, qui descend aussi de bœufs européens, reproduit dans son espèce des modifications analogues à celles que le bouledogue présente chez le chien. Toutes les formes sont plus raccourcies, plus trapues. Ce ne sont pas seulement les formes des os qui sont mo-

____

(1) Falvre, *La Variabilité des espèces*, p. 28.

difiées, ce sont aussi leurs rapports, dont presque pas un, dit M. R. Owen, n'a été vraiment conservé. Ce bœuf a gardé ses cornes, tandis que le bœuf du Mexique, qui a la même origine, les a perdues (1).

Les darwinistes s'appuient sur ces faits et sur d'autres faits analogues pour affirmer que les changements de climats qui se sont opérés dans la suite des temps, ou les migrations d'animaux qui se sont transportés en des lieux différents, ont suffi pour déterminer l'évolution des êtres organisés et ils regardent, après la sélection naturelle, l'adaptation au milieu comme la cause principale de la formation des espèces qui se sont succédé sur le globe.

Montrons que cette cause est aussi insuffisante que l'autre pour expliquer l'origine des êtres vivants.

I. L'origine de la vie et l'adaptation au milieu.

117. L'adaptation au milieu, pas plus que la sélection naturelle, n'explique l'origine de la vie.

____

(1) De Quatrefages, _L'Espèce humaine_, p. 41.

Avant qu'un être puisse s'adapter aux circonstances physiques qui l'entourent, il faut qu'il existe ; or nous avons vu au § 1er de ce chapitre ce qu'il faut penser des générations spontanées, mises en avant par les darwinistes pour expliquer cette origine.

II. Types variés dans des conditions semblables et types identiques dans des conditions différentes.

118. Si les milieux dans lesquels vivent les êtres organisés, ont sur eux une influence aussi grande que le prétendent Darwin et ses partisans, s'ils sont capables d'en modifier la structure intime pour l'adapter aux circonstances extérieures, nous devrions ne trouver que des types identiques dans des conditions identiques, et que des types différents dans des conditions différentes ; or c'est le contraire qui a lieu.

De toutes les circonstances extérieures, celle qui est le plus capable d'influer sur les organismes, c'est la température (1) ; comparons donc

(1) On pourrait dire peut-être que le genre d'alimentation a une influence non moins considérable ; mais la nature des aliments est

entre eux les types des climats situés à la même latitude, puis les types des climats situés à des latitudes différentes.

Si nous considérons les types propres aux régions tropicales, nous en trouvons une immense variété ; cette variété n'est guère moins grande dans les climats tempérés et elle est encore très grande dans les climats polaires qui ne contiennent qu'un nombre relativement petit d'êtres vivants. Or, comment comprendre que *les mêmes causes physiques* aient pu produire dans chacun de ces climats *une si grande diversité de formes*, en partant de ces formes simples, de ces organismes sans organes, de ces monères, que les darwinistes placent à la base de leurs séries.

D'autre part, la flore et la faune de l'Australie diffèrent complètement de la flore et de la faune des contrées de l'Afrique et de l'Amérique qui sont *situées sous la même latitude*. Dans l'Australie il n'y a ni édentés, ni insectivores, ni carnivores proprement dits, ni ruminants, ni pachydermes, ni quadrumanes, mais on y trouve le

elle-même étroitement liée à la température des lieux, et par conséquent l'influence de l'alimentation se trouve comprise dans ce que nous allons dire des climats.

type des marsupiaux, qui est inconnu dans presque
toutes les autres contrées du globe. Or, si les circonstances extérieures influent assez sur la structure intime des organes pour déterminer la formation des espèces, comment *des circonstances
semblables* ont-elles produit dans l'Australie *des
types si différents* de ceux qu'elles ont produits
dans l'Afrique et dans l'Amérique.

Maintenant comparons des climats et des milieux différents. Ils ne devraient pas nous offrir
de types semblables et il est pourtant facile de
constater le contraire. Nous trouvons, soit dans
le règne végétal, soit dans le règne animal, un
grand nombre d'espèces qui se retrouvent avec
les mêmes caractères sous les climats les plus
différents et dans les milieux les plus divers.

Dans le règne végétal nous pouvons citer les
plantes suivantes : ranunculus Baudotii, nastur-
tium officinale (cresson de fontaine), cardamine
hirsuta, alsine media, lavatera arborea, gnapha-
lium luteo-album, veronica peregrina, polygonum
aviculare, potamogeton natans, zanichellia pa-
lustris, cyperus mucronatus, scirpus maritimus,
phleum alpinum, poa eragrostis, festuca myuros,

typha angustifolia, polypodium vulgare, pteris aquilina, etc. (1).

« Toutes ces plantes, à dispersion géographique très étendue, dit M. Godron, n'en conservent pas moins, sous des climats divers, les caractères naturels qui les distinguent, et le botaniste n'éprouve pas le moindre embarras, ne témoigne pas la moindre hésitation pour reconnaître la même espèce dans des régions très éloignées les unes des autres. Cependant ce n'est pas de nos jours que ces plantes se sont répandues sous des latitudes si différentes ; elles y existent peut-être depuis l'origine des êtres organisés qui peuplent aujourd'hui notre globe ; et, si le climat exerçait réellement une action modificatrice sur les végétaux, le temps n'a pas manqué pour lui permettre d'épuiser sur elles toute l'énergie de sa puissance (2). »

Le règne animal nous offre aussi des espèces très répandues à la surface du globe, et qui ne subissent aucune modification importante de l'action des climats les plus divers. Le loup et le renard habitent depuis la zone torride jusqu'à la mer Glaciale, et, dans ces climats si différents,

____

(1) On peut voir dans Godron, *De l'Espèce*, t. Ier, p. 66 et suiv. l'énumération des contrées où se trouvent ces diverses plantes.

(2) *Ibid.*, p. 70.

ils n'éprouvent d'autre variation qu'un peu plus ou un peu moins de beauté dans leur fourrure. Pour ne pas être trop long, bornons-nous à citer comme habitant des contrées très éloignées en latitude, parmi les mammifères : le tigre royal, le jaguar, le cougouar, le rat noir, le surmulot ; parmi les oiseaux : le vautour griffon, l'aigle criard, l'autour ordinaire, le héron, le moineau franc, le chardonneret ; parmi les poissons il en est que l'on pêche au Groënland et que l'on retrouve jusqu'en Australie et à la Nouvelle-Zélande ; parmi les insectes, la blatte orientale, la vanesse du chardon, la mouche commune se trouvent presque dans tous les pays (1).

Nous pouvons dire de ces animaux ce que nous venons de dire des plantes cosmopolites : on les retrouve partout avec leurs caractères spécifiques, bien que le temps n'ait pas manqué aux forces physiques pour exercer sur eux leur influence.

Ainsi donc, pour résumer ce qui précède, nous voyons d'une part sous un même climat et dans les mêmes circonstances extérieures la plus grande diversité de formes ; d'autre part nous

---

(1) Godron, *De l'Espèce*, p. 43 et suiv.

retrouvons les mêmes types sous les climats les plus différents; nous sommes donc en droit de conclure qu'il n'y a pas de connexion nécessaire entre les milieux et les organismes.

III. Espèces rebelles à l'acclimatation.

119. S'il est des espèces que l'on peut appeler cosmopolites et qui s'accommodent de toutes les conditions climatériques, il en est d'autres, et en bien plus grand nombre, qui ne résistent pas au changement de climat ; celles-ci en subissent l'influence, mais c'est une influence funeste qui les tue plutôt que de les modifier.

On connaît les sociétés d'acclimatation, celle de France en particulier, fondée, il y a environ un quart de siècle, dans le but d'introduire dans notre pays et de les y acclimater les plantes et les animaux utiles que nous offrent les pays étrangers. Les succès ont-ils répondu aux espérances conçues? Voici ce que dit à ce sujet M. Coutance (1) : « A des tentatives généreuses et multipliées, à une dépense considérable de zèle, d'in-

____

(1) *La Lutte pour l'existence*, p. 489.

telligence et de capitaux, ont correspondu des résultats rarement durables, fréquemment mesquins, trop souvent inutiles. »

On a, il est vrai, introduit en France un grand nombre d'espèces animales et végétales ; au prix de soins incessants et multipliés, on réussit à en conserver quelques-unes dans des parcs, dans des serres ou même dans des jardins ; mais combien peu sont acclimatées, combien peu surtout, abandonnées à elles-mêmes, continueraient à vivre et à perpétuer l'espèce. On peut voir l'histoire de ces insuccès dans les annales des sociétés d'acclimatation (1).

Concluons de ces expériences, où l'intelligence et l'industrie de l'homme sont venues en aide à la nature, aussi bien que d'une multitude de faits connus d'ailleurs, que le plus grand nombre des espèces organiques se trouvent cantonnées dans des limites qu'elles ne peuvent franchir, et que le changement de milieu, bien loin de modifier leurs organes pour les approprier à un nouveau climat et à de nouvelles conditions d'existence, les voue au dépérissement et à la mort. Il serait

(1) M. Coutance, dans l'ouvrage cité plus haut, en apporte plusieurs exemples, p. 490 et suiv.

donc bien déraisonnable de prétendre qu'une cause
qui la plupart du temps amène la destruction des
espèces est la cause qui en a opéré la transformation.

**IV. Les changements produits par l'influence des
milieux ne sont pas des changements d'espèce.**

120. Il est pourtant un certain nombre d'animaux et de plantes qui subissent quelques variations sous l'influence d'un changement de climat;
nous l'avons reconnu au commencement de ce paragraphe et nous en avons cité des exemples ; mais
ces variations vont-elles jusqu'à faire passer les
êtres qui en sont affectés, d'une espèce à une autre?
Nullement, et nous pouvons nous appuyer pour le
nier sur l'autorité de naturalistes parfaitement
compétents dans cette matière.

« Les modifications provenant de l'influence
des causes physiques, dit M. Agassiz (1), sont
seulement d'une importance *secondaire* pour la
vie des animaux et n'affectent ni le plan général,
ni les complications diverses de la structure.

_____

(1) *De l'Espèce*, p. 23.

Quelles sont les parties du corps qui sont véritablement affectées à un degré quelconque par les influences extérieures ? Ce sont principalement celles qui sont en contact immédiat avec le monde extérieur, comme la peau, et dans la peau les couches superficielles, la coloration, l'épaisseur de la fourrure, le pelage, les plumes, les écailles, ou encore la taille et le volume du corps... Mais tout cela n'a rien à voir avec les *caractères essentiels* des animaux. »

M. Faivre (1) ne s'exprime pas moins catégoriquement : « Les agents extérieurs, dit-il, *ne changent l'espèce d'aucun type* organique ; ils en modifient seulement les *traits secondaires*, la taille, les formes, les couleurs, les appendices, en un mot les caractères d'enveloppe et les rapports : *les traits distinctifs, essentiels, demeurent*, lors même que les modificateurs ont agi pendant un temps considérable. »

M. Godron qui a traité fort au long cette question de l'influence des conditions extérieures sur les animaux et les plantes, tire de cette étude les conclusions suivantes :

« Les espèces animales sauvages qui vivent actuellement, ne se modifient pas, même sous

(1) *La Variabilité des espèces*, p. 30.

l'influence des agents extérieurs, de manière à *changer leurs caractères spécifiques*; ceux-ci *sont inaliénables* et fournissent toujours les moyens de distinguer nettement les unes des autres les espèces actuellement vivantes. — Les seules modifications qu'elles éprouvent sont légères, elles naissent accidentellement et ne deviennent jamais permanentes. »

« Les agents physiques, tels que le climat, les différences de stations, les propriétés mécaniques du sol et même ses propriétés chimiques, ne *changent en aucune façon les caractères spécifiques des espèces végétales* qui existent aujourd'hui; ces caractères sont constants et permettent toujours de distinguer les espèces les unes des autres. Les agents extérieurs ne produisent en elles que des modifications superficielles qui disparaissent dès que le végétal est replacé dans ses conditions naturelles (1). »

Et de fait, si l'on examine de près les exemples cités précédemment, en verra sans peine que les transformistes ne sauraient raisonnablement les

____

(1) Godron, *De l'Espèce*, t. Ier, chap. I et II et spécialement, p. 51 et 125.

citer comme des exemples de changement d'espèce.

Pour ces plantes aquatiques, les renoncules, les myriophylles, etc., dont les feuilles changent de forme, suivant qu'elles sont hors de l'eau ou qu'elles sont submergées, peut-il être question de changement d'espèce, puisque ces modifications se produisent sur le même sujet ?

Si le ricin et le réséda odorant demeurent herbacés et annuels sous notre climat et deviennent vivaces et arborescents sous un climat plus chaud, cela tient uniquement à ce que ces plantes, naturellement vivaces, ne résistent pas à l'intempérie de nos hivers, et à ce que leurs tiges, herbacées la première année, ne deviennent sous-frutescentes que la seconde. Elles se comportent dans nos contrées comme dans des contrées plus chaudes, si l'on a soin de les soustraire à la rigueur de l'hiver. Il n'y a donc rien là qui ressemble, même de loin, à un changement d'espèce.

Les modifications dans le pelage des animaux que nous avons signalées, ne sont évidemment que des changements très secondaires. Le raccourcissement de toutes les parties de la tête des bœufs de la Plata et de Buénos-Ayres, la perte des cornes de ceux du Mexique, n'apportent aucune modification essentielle à la structure de ces animaux, qui sont considérés par les naturalistes comme de nouvelles races de bœufs et nullement comme de nouvelles espèces (1).

On pourrait encore citer, comme exemple de l'influence des milieux, les animaux de diverses classes qui vivent dans l'obscurité et qui sont privés de la vue, bien que leurs congénères en jouissent. On trouve en effet dans les lacs souterrains de certaines grottes d'Amérique, où la lumière ne peut pénétrer, plusieurs espèces de poissons aveugles, et dans des lacs de la Carniole, placés dans les mêmes conditions, on rencontre un genre de batraciens, des protées, qui sont également privés de la vue. On trouve aussi des insectes assez nombreux, vivant dans des cavernes obscures, et chez lesquels ce sens n'existe pas.

Voilà sans doute un changement important produit par l'influence du milieu, mais peut-on dire que ce soit là un changement d'espèce? Il y a une distance infinie entre la perte d'un sens qui s'atrophie, faute d'usage, et l'acquisition de ce même sens. On comprend sans peine que l'absence de lumière entraîne peu à peu la cécité; mais comprendrait-on que la présence de la lu-

(1) De Quatrefages, *L'Espèce humaine*, p. 41.

mière put créer un organe aussi complexe que celui de la vue, chez des animaux qui en seraient naturellement dépourvus. Voilà une transformation dont assurément on ne nous citera pas d'exemple.

V. Les organes complexes des animaux, leurs instincts, et l'influence des milieux.

121. Faisons remarquer en terminant que l'adaptation au milieu doit être rangée dans la catégorie des forces brutes, inintelligentes, incapables de se proposer un but et de combiner des moyens pour l'atteindre ; incapables par conséquent de former les organes si complexes des animaux et d'en coordonner les parties, pour les faire concourir à l'accomplissement des fonctions qu'ils doivent remplir. Nous avons assez insisté précédemment sur ce point pour être dispensé de nous y arrêter davantage. Nous ne nous arrêterons pas non plus, et pour la même raison, à montrer que l'adaptation au milieu n'a pu développer les instincts si variés et si surprenants des animaux.

Toutes ces considérations nous montrent combien est peu fondée en raison la prétention des darwinistes, qui veulent remplacer l'action de Dieu dans la formation des espèces organiques par l'influence des conditions extérieures au milieu desquelles les êtres vivants se trouvent placés.

ARTICLE III.

FAITS QUE LES DARWINISTES ALLÈGUENT COMME TÉMOINS DE LA TRANSFORMATION DES ESPÈCES.

122. Nous avons à examiner et à apprécier dans cet article les faits suivants, présentés par les darwinistes comme une preuve de la transformation des espèces : 1° le développement embryonnaire ; 2° l'atavisme ; 3° les organes témoins, 4° la répartition des animaux à la surface du globe.

§ I. — Le développement embryonnaire.

Argument des darwinistes.

123. Les animaux dans les premiers temps de leur existence passent par différentes phases,

avant d'arriver à une forme dernière qu'ils garderont ensuite toute leur vie. La forme première est indécise, les organes apparaissent ensuite à l'état rudimentaire, leurs contours s'accentuent peu à peu, les membres se développent et enfin l'animal se montre avec tous les caractères qui différencient son espèce.

Or, d'après les darwinistes, ces premières formes de la vie sont communes à tous les animaux, du moins à ceux d'une même classe. Ainsi, suivant Darwin, les pieds des lézards et des mammifères, les ailes et les pieds des oiseaux, en même temps que les mains et les pieds de l'homme, tout dérive de la même forme fondamentale. Ceci est une preuve pour Darwin que tous ces êtres, si différents actuellement, sont descendus d'une souche primitive commune et sont étroitement parents (1). Hœckel, de son côté, prétend que le développement embryonnaire d'un individu passe successivement par les formes de la série animale qui se trouve au-dessous de lui dans l'échelle des êtres. La différence spécifique des animaux serait due à un arrêt de développement qui se serait produit dans quelques-unes des formes primitives et aurait été fixé par

____

(1) Lecomte, *Darwinisme*, p. 22.

hérédité, tandis que d'autres êtres issus de la même souche seraient parvenus à atteindre une évolution plus complète.

A ces affirmations nous pouvons opposer trois réponses : 1° les faits invoqués sont contestables ; 2° seraient-ils vrais, l'explication qu'on en donne n'est qu'une hypothèse ; 3° ces faits peuvent s'expliquer autrement.

I. Les faits invoqués par Darwin et ses partisans, relativement au développement embryonnaire sont contestables.

124. On peut bien admettre qu'il y a une certaine ressemblance entre les premières formes de la vie chez les différents animaux, alors que ces formes sont encore indécises, et cela ne saurait être d'un grand secours pour prouver la thèse des darwinistes. Ce qui pourrait leur donner quelque apparence de raison, ce serait de montrer que les animaux supérieurs reproduisent réellement et graduellement les formes *permanentes* des animaux qui leur sont inférieurs. Hœckel qui, pour l'affirmer, avait voulu s'appuyer sur les recherches du savant physiologiste Von

Baer, en a reçu un formel démenti. Dans ses dernières études, publiées à St-Pétersbourg en 1876, il repousse les interprétations arbitraires, qu'on donne à ses découvertes, et dit en propres termes que « le développement d'un individu ne parcourt pas l'échelle du règne animal (1). »

De son côté, M. Milne-Edwards affirme aussi positivement qu'il n'y a jamais parité complète, ni entre un animal adulte et un embryon d'un autre animal, ni entre un de ses organes et l'état transitoire du même organe en voie de formation (2).

M. Edmond Perrier lui-même, dans un ouvrage récent (3), n'admet pas comme l'expression de la réalité cette affirmation des transformistes : « que le développement de l'individu n'est autre chose que la répétition abrégée du développement de son espèce ; » et il reconnaît « qu'à aucune phase de son développement un embryon humain n'est un véritable poisson ; il n'est pas davantage reptile ou oiseau à une phase plus avancée (4). »

(1) Voir un article bibliographique de M. de Foville dans les *Questions scientifiques de Bruxelles*, juillet 1880, p. 241.

(2) *Leçons sur la physiologie et l'anatomie comparée*, t. Ier, p. 82, cité par les *Études religieuses*, 1879, p. 842.

(3) *La Philosophie zoologique avant Darwin*, Paris, 1884.

(4) *Questions scientifiques de Bruxelles*, octobre 1884, p. 587.

Les darwinistes auraient un moyen de contrebalancer les affirmations de ces physiologistes
éminents. D'après eux, c'est par arrêt de développement que le poisson reste poisson, que le
lézard reste lézard, et n'arrive pas jusqu'à devenir un oiseau ; qu'ils prennent donc un œuf
d'oiseau, qu'ils le soumettent à toutes les expériences qu'il leur plaira d'imaginer, et qu'ils essaient d'arrêter le développement juste à point
pour en faire sortir un poisson ou un reptile, au
lieu d'un oiseau. L'entreprise ne doit pas leur
paraître chimérique, puisque, pour eux, le jeune
animal passe par toutes ces phases, et elle mérite
d'être tentée. Cette tentative a été faite (nous
ne disons pas que c'était dans ce but). MM. Le-
reboulet et Dareste ont soumis des œufs aux
influences les plus variées, et ils ne sont jamais
arrivés qu'à obtenir la mort du sujet, ou bien
des atrophies, des déformations, des monstruosi-
tés, mais jamais un animal d'une espèce différente de celle à laquelle appartenait l'œuf. Que
les darwinistes essaient à leur tour ; qu'ils imaginent encore de nouvelles expériences : nous
leur souhaitons plus de succès, et nous attendons.

II. L'explication qu'on donne des faits allégués est une hypothèse gratuite.

125. Admettons, pour le moment, que les choses se passent dans le développement embryonnaire, comme le veulent Darwin et Hœckel, que s'en suivra-t-il relativement à la transformation des espèces ? Y a-t-il une connexion nécessaire entre ces deux choses, tellement que la seconde soit une conséquence de la première ? Nullement. On conçoit que les premiers développements des animaux supérieurs ressemblent plus ou moins à ceux des animaux inférieurs, et même qu'ils passent jusqu'à un certain point par les formes de ceux-ci ; mais cela prouverait-il que les espèces dérivent réellement les unes des autres ? Les deux faits ne pourraient-ils pas exister simultanément, sans que l'un fût la cause de l'autre ? Le développement embryonnaire, tel que le présentent les darwinistes, pourrait expliquer l'évolution des espèces, si cette évolution existait ; mais il faudrait au préalable prouver qu'elle existe, et c'est ce qu'on ne fait pas ; tandis que nous avons prouvé au contraire que les espèces sont fixes, qu'elles n'ont pas

plus changé dans le passé, qu'elles ne changent dans le présent.

III. Les faits allégués peuvent s'expliquer autrement.

126. *Si les faits avancés par Darwin et ses partisans étaient réels*, ils s'expliqueraient sans peine, en admettant que Dieu dans la création n'a pas agi au hasard, mais que, selon l'expression du livre de la Sagesse, il a tout fait avec nombre, poids et mesure ; il a agi suivant un plan qui reluit dans le bel ordre de la nature, et qui se montrerait jusque dans le premier développement des animaux. Ce passage graduel, des formes les plus simples aux formes les plus complexes, serait comme l'image de la gradation admirable que Dieu a établie entre les êtres organisés. Cette explication aura un tort capital aux yeux des matérialistes, c'est qu'elle suppose l'intervention de Dieu. Tous, heureusement, ne sont pas effrayés comme eux par la nécessité d'aller chercher la dernière raison des choses dans la pensée de l'Être suprême.

§ II. — Atavisme.

Définition. — Argument des darwinistes.

127. On a remarqué, lorsqu'on suit la filiation d'un animal pendant plusieurs générations,
que, parmi ses descendants, il s'en trouve de
fois à autre qui reproduisent certains traits de
la souche primitive. Ainsi, par exemple, quand
on cherche à obtenir une race de pigeons, en
fixant par la sélection artificielle une particularité qui s'est montrée dans quelques individus,
il se trouve quelquefois, après plusieurs générations, qu'un pigeon naît sans cette particularité,
mais ressemble aux ancêtres du pigeon qui l'a
présentée le premier. Un défaut éliminé peut aussi
reparaître de la même manière. Ce sont ces retours auxquels on a donné le nom d'*atavisme* (1).
Les darwinistes ont voulu se servir de ces
faits pour prouver que les espèces dérivent les
unes des autres. Ils ont mis en avant, comme
des cas d'atavisme, de prétendus traits de ressemblance que présentent de temps en temps les
individus d'une espèce avec ceux d'une espèce

(1) Du mot *atavus*, quadrisaïeul.

inférieure, et ils en ont conclu que l'une descendait de l'autre.

Ainsi Darwin, partant de ce fait que quelques hommes ont certaine partie du pavillon de l'oreille légèrement pointue, et de cet autre fait que la même particularité se retrouve chez quelques espèces de singes, comme les babouins et les macaques, n'hésite pas à conclure que l'homme et ces animaux descendent d'une souche commune. En vérité, quand on voit apporter sérieusement de pareilles preuves en faveur de la doctrine des transformistes, on ne sait pas lequel on doit admirer davantage, ou de l'aveuglement de ces hommes qui se montrent insensibles aux preuves si solides et si claires de la religion, ou de la sotte crédulité avec laquelle ils s'appuient sur des arguments aussi futiles.

128. Bien que la faiblesse de ce raisonnement soit évidente, ne laissons pas de le réfuter, afin que rien ne reste sans réponse. Procédons comme dans le paragraphe précédent.

I. Les faits.

Admettons l'existence des faits qui constituent l'atavisme; admettons aussi, si l'on veut, pour ne pas allonger la discussion, ces ressemblances que l'on prétend remarquer de temps en temps entre certains organes de deux espèces différentes; nous allons voir s'il est logique d'en conclure que ces deux espèces ont une origine commune, ou qu'elles descendent l'une de l'autre.

II. On n'est pas en droit d'affirmer que les faits d'atavisme puissent se produire entre les individus séparés par un nombre indéfini de générations.

Les exemples d'atavisme observés n'ont pu se remarquer qu'entre des individus séparés par un petit nombre de générations; or on n'est pas en droit d'en conclure qu'ils se reproduiraient indéfiniment, comme ce serait ici le cas, puisque les darwinistes sont obligés de convenir qu'il n'y a pas eu de changement d'espèce depuis les temps historiques et même bien au-delà.

III. L'explication donnée à une hypothèse gratuite.

Il n'y a pas de relation nécessaire entre les faits observés et la conclusion qu'on en tire : On conçoit sans peine qu'il y ait certains traits de ressemblance entre les individus de deux espèces différentes, sans qu'il y ait entre elles communauté d'origine, ou relation d'hérédité. Il incombe aux darwinistes de prouver que ces traits de ressemblance sont véritablement des faits d'atavisme.

IV. Ces faits peuvent s'expliquer autrement.

Ces traits de ressemblance proviennent de l'unité de plan adopté par le créateur, ou ont pour cause sa libre volonté, qui a trouvé bon de rapprocher par quelques analogies des êtres d'ailleurs dissemblables. Il n'y a rien en cela qui soit contraire à sa sagesse.

§ III. — Organes témoins.

*Définition. — Exemples. — Arguments
des darwinistes.*

129. On appelle ainsi des rudiments d'organes que l'on remarque chez certaines espèces
d'animaux, et qui sont complètement inutiles à
ceux qui les possèdent.

On peut citer comme exemple : les ailes de
certains coléoptères, dont ils ne peuvent faire
usage, parce que les élytres qui les recouvrent
sont soudés ; les ailes de l'autruche ; les dents
fœtales de la baleine, qui ne percent jamais les
gencives ; deux petits os cachés sous la peau du
pied du cheval, et qui représentent les métacar-
piens ; les mamelles chez tous les mâles des
mammifères.

Les darwinistes appellent ces organes, *organes témoins*, parce que, pour eux, ils sont comme
les témoins d'un état antérieur. Les espèces chez
lesquelles on voit ces organes, dériveraient d'une
espèce qui les aurait possédés autrefois complètement développés. Ils se seraient atrophiés

depuis, parce que, à la suite d'un changement de milieu ou de régime, ils seraient devenus inutiles.

Les transformistes prétendent que ces organes rudimentaires et inutiles ne sont pas explicables en dehors de la théorie de l'évolution : ils accuseraient Dieu, disent-ils, d'avoir manqué de prévoyance, d'avoir créé des choses sans but et sans usage, et qui mettent en défaut l'harmonie du monde organique.

Voici la réponse à ces difficultés.

I. Les darwinistes se mettent en contradiction avec eux-mêmes.

130. En effet, les darwinistes, partisans de la sélection naturelle et du progrès indéfini, ne sont pas bien d'accord avec leur théorie la plus chère, lorsqu'ils prétendent que ces rudiments d'organes dérivent, par voie d'évolution, d'organes complètement développés chez les ancêtres de l'animal qui n'en a plus maintenant qu'un reste inutile. Serait-ce donc un progrès que d'avoir un rudiment d'organe tout à fait sans usage, au lieu d'avoir un organe capable de remplir ses fonctions ?

II. Leur explication n'est pas suffisante et par là même n'est pas nécessaire.

La présence des organes rudimentaires ne prouve pas qu'ils aient existé chez les prétendus ancêtres de l'espèce ; c'est ce que montrent les rudiments de mamelles, qui se retrouvent chez tous les mâles des mammifères. En effet, avec l'explication des darwinistes, il faudrait conclure que les mâles dans cette classe possédaient autrefois cet organe. Une conclusion aussi ridicule montre évidemment que ce cas ne peut admettre l'explication des transformistes ; mais si ce cas fait exception, cela suffit pour que leur explication ne s'impose pas pour les autres.

III. Les organes rudimentaires ne troublent pas l'harmonie du monde organique et prouvent d'ailleurs la liberté de Dieu dans ses œuvres.

Ces organes, au lieu de troubler l'harmonie du monde organique, la complètent au contraire, et mettent encore une fois en relief l'unité du plan que Dieu a suivi dans la création des êtres vivants. Un architecte bâtit un palais ; la symétrie et l'harmonie de l'ensemble demandent qu'il place une fenêtre en un lieu où elle gênerait pour l'aménagement de l'intérieur de l'édifice ; il place en ce lieu une fausse fenêtre, qui empêche l'œil d'être choqué, et qui néanmoins ne gêne en rien dans la disposition de l'intérieur ; dira-t-on que cet architecte a manqué de prévoyance, et que l'édifice qu'il bâtit manque d'harmonie? C'est le contraire qu'on dira, et c'est à un point de vue semblable qu'il faut envisager les organes incomplets et sans fonction que l'on trouve chez quelques animaux.

§ IV. — Répartition des animaux à la surface du globe.

131. On a allégué en faveur du système évolutioniste quelques particularités remarquées dans la répartition des animaux sur la terre. Ainsi on apporte en preuve de la transformation des espèces : — 1° l'analogie des faunes fossiles et modernes caractéristiques de chaque continent ; — 2° l'analogie des genres et des espèces qui peuplent les îles voisines des continents, avec les genres et les espèces de ces continents mêmes ; — 3° l'absence d'animaux supérieurs

aux marsupiaux dans l'Australie et dans les îles isolées de l'Océan Pacifique (1).

On cite ces arguments sans les développer, et sans faire voir comment ils favorisent l'opinion transformiste : ce développement n'eût pas été superflu ; nous allons tâcher d'y suppléer nous-même, et de voir ce qui, dans les faits allégués, peut plaider la cause de cette opinion.

I. Analogie des faunes fossiles et modernes caractéristiques de chaque continent.

Argument des darwinistes. — Quand on compare la faune actuelle des continents avec ce qu'elle était aux époques antérieures, on remarque une analogie frappante, — entre certains genres qui sont propres les uns à l'ancien continent, les autres à l'Amérique, les autres à l'Australie, — et les fossiles quaternaires de chacune de ces grandes divisions terrestres. Ainsi, par exemple, on trouve dans la faune quaternaire de l'Amérique des édentés, tels que le mylodon, le mégalonyx, le mégathérium, le glyptodon, et dans les temps actuels on y retrouve aussi le même genre

____

(1) *Revue des questions scientifiques de Bruxelles*, juillet 1881, p. 125.

d'animaux, tandis que dans l'ancien continent ces
animaux ne se rencontrent, ni dans la faune fossile,
ni dans la faune moderne. D'un autre côté, les genres hippopotame, rhinocéros, hyène, lemming
sont propres à l'ancien continent; on y trouve leurs
restes dans les terrains quaternaires, et ils y sont
encore représentés par de nouvelles espèces des
mêmes genres.

En Australie, les marsupiaux étaient les seuls
représentants des mammifères à l'époque quaternaire, et, lors de la découverte de ce continent,
on n'y a trouvé que de nouvelles espèces de marsupiaux.

132. Ces faits s'expliquent naturellement, nous
diront, je suppose, les transformistes, si l'on admet que les animaux actuels descendent par
voie de transformation des animaux qui peuplaient
les continents à l'époque quaternaire, tandis que,
dans l'opinion des non-transformistes, on ne voit
pas la raison de cette analogie, et on ne voit pas
non plus pourquoi, si ces animaux ont été créés
à nouveau et sans rapport avec les espèces précédentes, on ne trouverait pas de marsupiaux et
d'édentés, aussi bien sur l'ancien continent qu'en
Amérique et en Australie.

Réponse. — Nous ferons d'abord remarquer que les espèces de mammifères, exclusivement propres à l'ancien continent d'un côté, et à l'Amérique de l'autre, ne sont, en somme, qu'en petit nombre, on en cite quatre ou cinq pour chaque continent, tandis que les espèces communes aux deux continents sont beaucoup plus nombreuses ; ainsi on trouve dans l'un et dans l'autre l'élan, le cerf, le renne, le castor, l'ovibos ou bœuf musqué, le cheval, l'éléphant, le loup, la panthère, le lion, le singe (1). Est-il donc si étonnant de trouver, à côté de tant de genres communs aux deux continents, pendant les époques quaternaire et moderne, quelques genres qui leur soient exclusivement propres, et y a-t-il là de quoi faire triompher le transformisme? Que peut valoir cet argument auprès de tous ceux qu'on apporte contre cette doctrine?

Les évolutionistes athées trouvent une explication naturelle de ces faits dans leur système, et ils sont obligés d'y recourir, de même qu'ils sont obligés de le faire pour expliquer l'existence de tous les êtres vivants ; mais cette explication est-elle la seule que l'on en puisse donner? Ceux qui croient à l'existence de Dieu, d'un Dieu

____

(1) Credner, *Traité de géologie*, traduction Moissy, p. 640.

libre dans ses actes, n'ont pas besoin de recourir au transformisme pour expliquer des faits
aussi simples. Pour eux l'explication la plus naturelle, c'est que Dieu l'a voulu ainsi ; c'est qu'il
entrait dans son plan, tantôt d'établir certaines
analogies entre les faunes de contrées différentes,
et tantôt de donner à ces faunes quelques caractères propres et exclusifs ; c'est qu'il entrait également dans le plan divin d'établir certaines ressemblances entre deux faunes successives de la
même contrée. Pourquoi Dieu n'aurait-il pas été
libre d'agir ainsi ? Y a-t-il là rien qui soit en opposition avec sa sagesse ou sa puissance ? De cette
manière, en même temps qu'il mettait de la variété dans ses œuvres, il montrait qu'elles n'é-
taient pas l'objet du hasard, mais l'exécution d'un
plan suivi et bien ordonné.

II. Analogie des genres et des espèces qui peuplent
les îles voisines des continents, avec
les genres et les espèces de ces continents mêmes.

133. *Argument des darwinistes.* — Cette analogie s'expliquerait aussi, d'après eux, par une
communauté d'origine. A une époque où les communications étaient possibles entre ces îles et les

continents, elles se seraient peuplées des mêmes
plantes et des mêmes animaux. Depuis la séparation, les types auraient varié de part et d'autre, tout en conservant des caractères communs,
qui rappellent leur ancienne parenté.

Réponse. — A cette explication des transformistes nous pouvons répondre comme nous venons de le faire à l'argument précédent : il entrait dans le plan divin de mettre des plantes et
des animaux du même genre dans des contrées
voisines, et d'établir de l'analogie entre les êtres
qui devaient vivre sous des climats analogues. Il
n'est nullement nécessaire pour expliquer cette
analogie d'imaginer une parenté entre les espèces continentales et les espèces insulaires, ni de
supposer entre les îles et les continents voisins
des communications qui n'ont peut-être jamais
existé.

III. Absence d'animaux supérieurs aux marsupiaux dans l'Australie et dans les îles isolées de l'Océan Pacifique.

134. *Argument des darwinistes.* — Les darwinistes nous demanderont pour quelle raison Dieu,

si c'est bien lui qui a créé directement et immédiatement les espèces, n'aurait pas peuplé ces contrées de mammifères d'un ordre plus élevé, aussi bien que les autres lieux de la terre.

Réponse. — Il est étrange que l'on veuille faire servir à étayer le transformisme précisément une difficulté qui est, comme nous l'avons vu (20) insoluble dans ce système.

Aux transformistes d'expliquer d'abord comment les lois de la nature qui partout ailleurs ont fait évoluer les êtres jusqu'aux mammifères supérieurs, n'ont pu les faire évoluer en Australie que jusqu'aux marsupiaux. La nature a-t-elle des lois pour un pays et des lois différentes pour les autres? La nature, telle que l'entendent les darwinistes, est-elle libre? Peut-elle appliquer ses lois dans une contrée et les suspendre dans une autre? En attendant que les transformistes aient résolu cette difficulté, nous répondrons tout simplement que Dieu a peuplé l'Australie et les îles du Pacifique d'une flore et d'une faune spéciales, parce qu'il était libre de le faire, parce qu'il n'est pas enchaîné par des lois fatales et indépendantes de sa volonté. Il n'y a pas mis de mammifères supérieurs, parce qu'il lui a plu de mettre des différences entre les productions des diverses contrées du globe. Nous n'y voyons pas plus de mystère que cela.

Il est bien vrai qu'on dira de cette réponse, comme des précédentes, qu'elle n'est pas scientifique ; mais est-il plus scientifique de vouloir établir, sur d'aussi faibles présomptions, un système qui a contre lui tant de preuves. Pour nous, il nous semble qu'il faut des raisons plus solides et plus convaincantes pour élever à la hauteur d'une vérité scientifique l'opinion qui veut faire dériver les espèces les unes des autres, et nous pensons qu'on peut, sans faire divorce avec la science, et jusqu'à ce qu'on ait établi sur des bases plus solides l'opinion contraire, voir, dans la création des espèces, l'action libre et immédiate de Dieu, dirigée par sa sagesse et son intelligence.

135. On nous a objecté que nous pourrions, au même titre, rejeter les explications naturelles et généralement admises que l'on donne de certains faits géologiques ; par exemple, qu'au lieu de regarder les blocs erratiques du nord de l'Allemagne comme originaires de la Scandinavie, nous pourrions dire que Dieu les a créés sur place.

Mais, entre l'explication des transformistes relativement à l'origine des espèces, et celle que les géologues donnent de la formation des terrains et spécialement du transport des blocs erratiques, il y a une différence essentielle.

Nous connaissons les causes qui concourent à la formation des terrains, nous les voyons en action sous nos yeux ; nous savons comment les blocs erratiques sont transportés par les glaciers, nous pouvons reconnaître ce mode de transport à des caractères spéciaux. Quand donc, en géologie, nous expliquons les faits passés, nous sommes guidés par l'expérience, nous partons de faits positifs et parfaitement connus ; tandis que les transformistes ne peuvent pas nous citer en faveur de leur système un seul fait positif et avéré, une seule transformation d'espèce, parfaitement constatée et indubitable. Ils ne s'appuient que sur des hypothèses, ou sur des faits qui peuvent s'expliquer autrement.

ARTICLE IV.

SOPHISMES DES DARWINISTES.

I. Causes de l'engouement dont la doctrine de Darwin a été l'objet.

136. Quand on étudie de près la doctrine de Darwin, quand on cherche à se rendre compte de ses fondements et de ses preuves, on a tout d'abord quelque peine à s'expliquer l'engouement avec lequel elle a été accueillie. Cependant, avec un peu de réflexion, il n'est pas bien difficile de découvrir les causes de l'espèce de fascination que ce naturaliste a exercée ; je dis les causes, parce qu'il y en a deux principales ; la première réside dans le cœur même de ceux qui se sont laissés entraîner dans le torrent, et la seconde dans la manière dont Darwin a exposé son système et a cherché à le prouver.

Toute doctrine qui paraît propre à enlever la crainte d'un Dieu vengeur est sûre de trouver de l'écho dans le cœur de ceux qui ont des comptes à régler avec lui. A ce titre, la doctrine de Darwin ne pouvait manquer de trouver de nombreux adhérents, et c'est là, sans nul doute, la première et la principale cause qui a fait accueillir son système avec tant d'enthousiasme et lui a procuré tant de disciples.

Mais une autre cause a dû contribuer pour une large part à entraîner les esprits superficiels, trop nombreux, qui sont peu capables de saisir la faiblesse d'une preuve et de découvrir le défaut d'un raisonnement, c'est la manière captieuse dont Darwin a exposé son système et les sophismes dont il s'est servi pour l'étayer.

Montrons, en terminant cette réfutation du darwinisme, combien sont illogiques et peu solides les arguments de Darwin et de ceux qui ont le plus contribué à propager sa doctrine.

II. Abus des hypothèses. — Hypothèses gratuites présentées comme des lois de la nature.

137. Le transformisme n'est pas une réalité qui s'impose, que l'on puisse palper, pour ainsi dire. Il n'a pour lui aucun fait positif et incontestable qui ait permis de le voir à l'œuvre ; c'est une *hypothèse* imaginée pour expliquer la

présence sur la terre de l'immense variété des
êtres vivants, comme l'hypothèse de l'émission a
été imaginée pour expliquer les phénomènes lumineux, et l'hypothèse des deux fluides électri-
ques pour expliquer les phénomènes dus à l'é-
lectricité. Or, à quelle condition une hypothèse
peut-elle satisfaire l'esprit, entraîner son adhésion, et être regardée comme donnant la véritable
explication des faits? Il faut qu'elle puisse expliquer tous les phénomènes qu'elle embrasse, ceux
du moins qui sont bien connus; il faut que ces
phénomènes soient nombreux. Il ne faut pas
qu'on puisse les expliquer mieux ou aussi bien
dans l'hypothèse opposée; il ne faut pas surtout
de faits qui la contredisent, et qui fournissent
contre elle des objections insolubles (1).

Nous avons vu dans la première partie de ce
travail que l'hypothèse transformiste ne remplit
aucune de ces conditions; Darwin avec ses nou-

(1) Ainsi, par exemple, pourquoi l'hypothèse de l'émission, qui
avait prévalu jusqu'au commencement de ce siècle pour expliquer
les phénomènes lumineux, a-t-elle été complétement abandonnée
depuis par les savants? Parce qu'on a découvert deux faits qui sont
inconciliables avec cette hypothèse, le ralentissement de la vitesse
de la lumière dans les milieux plus denses et le phénomène des in-
terférences. Il n'en a pas fallu davantage pour faire rejeter cette
hypothèse et adopter l'hypothèse des ondulations qui explique
ces deux faits, et qui explique aussi *tous les autres phénomènes
lumineux.*

veaux arguments serait-il arrivé à les remplir?
Comment procède-t-il pour faire accepter l'hypothèse de la transformation des espèces? Il appelle à son aide d'autres hypothèses qui, elles-
mêmes, ont autant besoin d'être prouvées que la
première, et qu'il décore du nom de lois. Il essaie
d'asseoir celles-ci sur des faits souvent contestables, qui peuvent s'expliquer plus ou moins par
ces hypothèses, mais qui peuvent aussi s'expliquer autrement, et il signale à peine ou laisse
dans l'ombre les autres faits qu'elles ne sauraient
expliquer. S'il s'en rencontre pourtant de trop
embarrassants, il imagine de nouvelles lois, c'est-
à-dire de nouvelles hypothèses, qui n'ont pas
plus de fondement que les autres, et au moyen
desquelles il a raison de toutes les exceptions.
D'autres fois il s'appuie sur un peut-être, sur
une possibilité, sur une conjecture, sur la conviction personnelle et jusque sur l'inconnu (1), et,
après des preuves aussi convaincantes, il va en
avant avec une confiance imperturbable, comme
s'il avait triomphé de toutes les difficultés.

138. Ainsi quel est son argument principal,
celui sur lequel s'appuie tout son système? C'est
la sélection naturelle, déterminée par la lutte

____

(1) Voir précédemment, n° 45.

pour la vie. Mais la sélection naturelle est elle-même une *hypothèse*, qui peut tout au plus expliquer quelques faits, et qui est impuissante à expliquer le plus grand nombre. La sélection naturelle *suppose* elle-même la variabilité des types et l'hérédité qui les transmet. Mais la variabilité des types ne se prête pas suffisamment au système des darwinistes : nous avons vu que, depuis les temps historiques et au-delà, les espèces n'ont pas varié. Que fait-on pour éliminer ce cas embarrassant? On invoque une loi de variabilité décroissante; encore une hypothèse. L'hérédité à son tour n'est pas toujours assez complaisante pour se plier aux exigences du système : on en fait alors une loi à plusieurs faces, qui embrasse tous les points de l'horizon et fait rentrer dans la règle toutes les exceptions; c'est ainsi qu'on met en avant les lois d'hérédité continue, d'hérédité latente, d'hérédité mixte, d'hérédité simplifiée, d'hérédité homochrone, d'hérédité consolidée, et jusqu'à une loi d'hérédité falsifiée, chef-d'œuvre du génie d'Hœckel. Enfin la conséquence nécessaire de la sélection naturelle, c'est le progrès indéfini des espèces; mais le progrès se montre aussi rebelle à la théorie. Il n'y a pas là de quoi arrêter Darwin : il trouvera pour faire cadrer les faits avec son système trois lois auxiliaires d'adaptation, l'une conservatrice, la seconde progressiste et la troisième rétrograde (1).

Qu'est-ce que toutes ces prétendues lois dont Darwin et les siens sont si prodigues? Quand on cherche ce qui est caché sous ces grands mots, on n'y trouve rien qui ressemble à des lois ; ce sont des mots vides de sens ou des *hypothèses*, aussi creuses que les mots qui les expriment sont sonores.

III. Personnification de la sélection naturelle.

139. Un des points les plus embarrassants pour Darwin, c'est d'expliquer comment la sélection naturelle a pu former les organes si admirablement combinés des êtres vivants, comment, par exemple, elle a pu former l'organe de la vue (2). Pour se tirer de ce mauvais pas, Darwin qui cependant ne veut voir dans le monde l'action d'aucune cause intelligente, personnifie la sélection naturelle : « elle *surveille* toujours *attentivement*, dit-il, l'apparition de toute modification légère

(1) Cf. Güttler analysé par M. de Foville dans les *Questions scientifiques de Bruxelles*, juillet 1880, p. 240.

(2) Voir précédemment (55).

dans les couches transparentes, conservant *avec soin* celle qui, dans des circonstances diverses, de quelque manière et à quelque degré que ce soit, *tend* à produire une image plus nette... La sélection naturelle s'empare avec une *sagacité infaillible*, de chaque nouveau perfectionnement. » Voilà encore une *hypothèse* d'un nouveau genre qui prête les qualités d'une personne intelligente à la sélection naturelle, laquelle n'est que le résultat fatal de la succession des faits. Mais Darwin s'illusionne ici, s'il ne cherche pas à illusionner ses lecteurs : « La sélection naturelle est incapable *d'attention*, elle ne *surveille rien*, elle n'est pas *soigneuse*, elle ne peut rechercher ce qui *tend* à produire un avantage, et loin d'être douée d'une *infaillible sagacité*, elle n'a pas de *sagacité* du tout (1). »

Tout ce système de la sélection naturelle n'est donc qu'un trompe-l'œil, qu'un échafaudage d'hypothèses qui semblent s'appuyer les unes sur les autres, mais qui, réunies, n'ont pas plus de solidité qu'elles n'en ont isolément.

On pourrait en dire autant de tous les autres

____

(1) Lecomte, *Darwinisme*, p. 149.

principes de Darwin, la sélection sexuelle, la corrélation de croissance, l'adaptation au milieu, le développement embryonnaire, etc. Nous ne nous arrêterons pas plus longtemps à faire ressortir l'inanité des conclusions que Darwin tire de toutes ces prétendues lois ; ce serait nous répéter inutilement.

IV. Marche captieuse de Darwin.

140. Mais il est une chose que nous devons encore faire remarquer avant de finir, c'est la marche captieuse qu'à suivie Darwin dans l'exposé de son système, et qui explique comment beaucoup d'esprits inattentifs et superficiels se sont laissés surprendre par des arguments si peu solides.

« Au début de son livre, il propose les hypothèses sous une forme prudente et modeste, mais peu à peu il s'enhardit et il hasarde ses conjectures les plus paradoxales ; d'abord il les insinue comme possibles, puis comme vraisemblables, puis il n'en doute plus, il les tient pour certaines, il les suppose démontrées et il raisonne en conséquence. Les faits qu'il croit pouvoir attirer à son système sont présentés triomphalement par lui comme décisifs en sa faveur. Finalement, il n'admet plus qu'un vrai savant puisse penser autrement que lui, et il traite avec dédain ceux qui s'obstinent à garder encore des opinions opposées. »

« Ces changements de ton proviennent-ils d'un calcul de rhétorique ou d'une confiance croissante? je ne sais, mais, calculés ou spontanés, ils sont gradués de manière à communiquer l'enthousiasme de l'auteur aux lecteurs susceptibles de fascination (1). »

Ce malheur est arrivé à un grand nombre qui ont lu imprudemment ce livre, et qui n'étaient pas assez clairvoyants, ni assez instruits pour reconnaître le piège et éviter de s'y laisser prendre.

(1) De Valroger, *Genèse des espèces*, p. 241.

CHAPITRE II.

141. En faisant l'histoire du transformisme, nous avons dit que cette doctrine avait un certain nombre de partisans qui n'excluaient pas Dieu du monde, comme les transformistes matérialistes, mais qui admettaient son action créatrice à l'origine de la vie et son action directrice dans l'évolution des êtres ; c'est le transformisme ainsi entendu que nous désignons sous le nom de *transformisme spiritualiste,* et que nous avons maintenant à étudier. Pour voir si cette doctrine ainsi restreinte est acceptable, examinons-la successivement à la lumière de la raison, à la lumière de la foi et à la lumière des faits, et nous terminerons en examinant le *transformisme brusque,* qui est une autre forme du transformisme spiritualiste.

§ Ier. — Le transformisme spiritualiste et la raison.

142. Nous avons démontré que le transformisme matérialiste était contraire au bon sens,

mais nous avons fait des réserves en ce qui regarde le transformisme spiritualiste (52).

Quand on admet l'action toute-puissante de Dieu, créant les premiers êtres vivants, et son action intelligente, présidant à leur transformation, cette doctrine ne choque plus la raison comme le transformisme athée et à ce point de vue, au premier abord du moins, elle paraît acceptable.

Toutefois, ne nous en rapportons pas aux premières apparences : examinons cette doctrine en elle-même et dans ses conséquences avant de porter notre jugement.

I. Le transformisme spiritualiste considéré en lui-même.

143. Dieu pour peupler la terre d'êtres vivants a pu procéder de deux manières : il a pu créer immédiatement les espèces, comme on l'a généralement cru avant l'apparition des doctrines transformistes; il a pu aussi se borner à créer d'abord un ou plusieurs types et à faire sortir de ceux-ci, par voie d'évolution lente et graduelle, tous les autres types qui sont répandus sur le globe, soit en dirigeant lui-même directement par sa providence la transformation des êtres, soit

en établissant, dès l'origine, des lois et en communiquant à la matière des propriétés, qui devaient déterminer cette évolution suivant un plan
prévu d'avance.

Dans l'un et l'autre mode d'action il n'y a
rien que l'intelligence de Dieu ne puisse embrasser,
rien qui dépasse sa puissance. Il fait varier les
êtres dans les limites de leur espèce, pourquoi
n'aurait-il pas pu franchir ces limites et les faire
passer d'une espèce à une autre? Combien d'espèces diffèrent moins entre elles que le papillon
ne diffère de la chenille; cependant de l'une il
fait sortir l'autre. D'un autre côté, qui oserait
nier que Dieu ait pu créer les espèces directement et immédiatement, sans faire dériver les
plus parfaites d'espèces moins parfaites? Il serait
puéril d'entreprendre de le démontrer.

Ainsi donc, à ne considérer que la puissance et
l'intelligence infinies de Dieu, les deux modes
sont également *possibles;* rien ne fait pencher la
balance d'un côté plutôt que de l'autre, et les
transformistes ne sauraient prouver que la raison
fait passer leur système le premier et apporte en
sa faveur autre chose qu'une *pure possibilité.*

Si maintenant nous interrogeons la sagesse
divine et que nous nous demandions lequel des
deux modes elle a dû préférer; à considérer la

chose en soi, nous avouons humblement notre ignorance. C'est un problème qui dépasse de beaucoup la portée de notre esprit ; mais si nous mesurons les conséquences du système transformiste, il nous semble que le résultat de l'examen ne lui serait pas favorable.

II. Le transformisme spiritualiste considéré dans ses conséquences.

144. Envisagé sous ce rapport, le transformisme, même spiritualiste, nous paraît dangereux, et nous nous demandons si quelques-uns de ceux qui rejettent la création directe des espèces, ne céderaient pas à la crainte du *miracle* et du surnaturel ; s'ils ne seraient pas entraînés dans leur jugement, sans bien s'en rendre compte, par les préjugés de l'école des déistes qui relèguent Dieu loin du monde, et ne veulent pas qu'il s'en occupe ; s'ils ne céderaient pas à l'orgueil de la même école, qui ne veut voir de mystères nulle part et prétend tout expliquer scientifiquement.

Quoi qu'il en soit des hommes éclairés qui soutiennent ce système, ne peut-on pas craindre que les esprits irréfléchis qui l'embrasseront à leur suite, ne fassent naufrage dans la foi et que, ne voyant plus Dieu dans le monde qu'à l'extrême limite de la vie, que dans ces lointains horizons où l'esprit a peine à le saisir, ils ne soient portés à le supprimer tout à fait.

Voilà pourquoi, indépendamment de tout autre motif, ce système n'a pas nos sympathies, et nous serions portés à l'écarter. Admettons toutefois qu'au point de vue de la raison, les deux systèmes soient également admissibles, et examinons ce que la foi et les faits nous permettent d'en penser.

§ II. — Le transformisme spiritualiste et la foi.

145. Pour nous assurer si le transformisme spiritualiste est, ou non, conciliable avec la foi, il nous faut consulter la sainte Écriture, la Tradition et l'Église.

I. La sainte Écriture.

C'est le premier chapitre de la Genèse qui peut nous éclairer sur la question actuelle, puisque c'est là que nous trouvons rapportée la création primordiale de la nature vivante. Voici dans quels termes Moïse raconte la création des plantes et des animaux ; les expressions qu'il emploie méritent d'être pesées attentivement :

v. 11. *Et ait : Germinet terra herbam virentem et facientem semen, et lignum pomiferum faciens fructum* JUXTA GENUS SUUM, *cujus semen in semet-ipso sit super terram.*

12. *Et protulit terra herbam virentem et facien-tem semen* JUXTA GENUS SUUM, *lignumque faciens fructum, et habens unumquodque sementem* SE-CUNDUM SPECIEM SUAM.

. . . .

20. *Dixit etiam Deus : Producant aquæ reptile animæ viventis, et volatile super terram sub firma-mento cæli.*

21. *Creavitque Deus cete grandia et omnem animam viventem atque motabilem, quam produxe-rant aquæ* IN SPECIES SUAS *et omne volatile* SECUN-DUM GENUS SUUM.

. . . .

24. *Dixit quoque Deus : Producat terra ani-mam viventem* IN GENERE SUO, *jumenta et reptilia, et bestias terræ* SECUNDUM SPECIES SUAS, *factum-que est ita.*

25. *Et fecit Deus bestias terræ* JUXTA SPECIES SUAS, *et jumenta et omne reptile terræ* IN GENERE SUO.

146. Nous ferons d'abord observer que les ex-

pressions *genus* et *species* employées par la Vulgate ne doivent pas être prises dans un sens différent, mais signifient ici la même chose. En effet, si l'on se reporte à l'hébreu, on ne trouve que l'expression *min* qui veut dire espèce ; c'est cette expression unique qui a été traduite par la Vulgate, tantôt par *genus* et tantôt par *species*. Le traducteur a dû considérer ces deux termes comme synonymes, et les a employés l'un pour l'autre, afin de ne pas répéter trop souvent le même mot (1). Nous devons donc nous en rapporter au texte primitif, et n'attribuer aux deux expressions de la Vulgate que la même signification, c'est-à-dire, *espèce*.

Ceci posé, nous croyons pouvoir établir les propositions suivantes :

PROPOSITION Iʳᵉ. — Dans le texte cité il s'agit de l'espèce dans le sens précis du mot.

147. 1° D'abord remarquons l'insistance avec

(1) La version latine du texte hébreu, faite par Sancte-Pagnini et corrigée par Arias Montanus au seizième siècle, traduit toujours cette expression par *species*.

laquelle Moïse nous montre Dieu, créant les êtres vivants *chacun selon son espèce*. Cette expression revient jusqu'à neuf fois dans les six versets où il raconte leur création. Évidemment cette insistance nous montre qu'il ne s'agit pas ici d'une chose insignifiante, mais d'une circonstance importante de la création, sur laquelle l'écrivain sacré voulait appeler l'attention de ses lecteurs.

Cette expression ne doit donc pas avoir un sens vague et indécis ; elle ne doit pas non plus avoir un sens détourné, mais elle doit être entendue dans le sens communément reçu.

2° Que se représente-t-on tout d'abord, quand on parle d'espèce? On se représente un groupe d'individus semblables entre eux, qui ne se confondent pas avec les individus des autres groupes, et qui naissent indéfiniment les uns des autres, et c'est là précisément l'*espèce* dans le sens rigoureux du mot. Or c'est une règle d'interprétation de la sainte Écriture, qu'on en doit prendre les termes dans le sens communément reçu, à moins que quelque raison n'oblige à s'en écarter. Ici on ne voit pas ce qui pourrait obliger d'en adopter un autre : le contexte n'en fournit pas de motif, et pour les motifs allégués par les transformistes, nous les avons déjà réfutés, ou nous les réfuterons plus loin (1).

3° L'idée générale qui s'attache au mot *espèce*, alors même qu'on ne cherche pas à parler avec précision, est celle d'un groupe d'êtres, rapprochés les uns des autres par des caractères communs, et séparés des autres groupes par certaines différences d'organisation. Quels sont donc les divers groupes que l'on peut considérer, quand il s'agit d'établir des lignes de démarcation entre les animaux ou les plantes? Les naturalistes distinguent les embranchements, les classes, les ordres, les familles, les genres, les espèces, les variétés et les races; il n'y en a pas d'autres. Moïse parle donc de quelqu'un d'eux; or tous, sauf l'espèce, sont des divisions ou subdivisions artificielles, imaginées par les naturalistes pour établir leurs classifications, et on ne peut pas supposer que Moïse ait voulu désigner ces sortes de groupes, dont les Hébreux n'avaient pas même l'idée. Ainsi c'est donc bien de *l'espèce* proprement dite, de ce groupe naturel, connu de tout le monde, qu'il s'agit dans le premier chapitre de la Genèse.

(1) § III, n° 164.

PROPOSITION IIᵉ. — L'espèce a été instituée par Dieu dès le commencement.

148. Le texte biblique sur ce point est très clair. Dès qu'il nous parle de la création des plantes et des animaux, il nous parle de leur distinction en espèces. Il n'y a point de place pour un état antérieur, où les espèces se seraient formées les unes des autres, et il ne peut être question d'un état postérieur, où l'on placerait leur évolution ; ce serait bien gratuitement que les transformistes le prétendraient. Dans le récit de la création, il n'est pas fait la moindre allusion à leur système et il n'y a pas le plus petit espace pour l'y placer.

PROPOSITION IIIᵉ. — L'espèce a été instituée avec un caractère de fixité tel qu'une espèce ne peut pas se transformer en une autre.

149. 1° L'idée d'espèce implique l'idée de limite et de fixité, tellement que les transformistes qui admettent l'évolution indéfinie des êtres vivants, nient et sont obligés de nier l'existence de l'espèce. Par conséquent dès lors que

l'écrivain sacré nous parle des espèces comme d'une réalité, il nous dit implicitement qu'elles ont des limites infranchissables, qu'elles sont fixes et ne peuvent se transformer en d'autres espèces.

2° Nous avons constaté (*Proposition* Ire) que la distribution des végétaux et des animaux en espèces est une circonstance importante de la création ; or cette circonstance ne peut avoir d'importance que dans le cas où ces espèces devaient demeurer fixes. Si elles devaient se modifier, qu'on veuille bien nous dire pourquoi Moïse aurait pris tant de soin de nous faire remarquer un état de choses qui, au lendemain de la création, était destiné à faire place à un autre ; pour nous, nous ne pouvons découvrir la raison qui l'aurait porté à insister ainsi sur ce point.

3° Au reste nous ne pourrons pas conserver de doute sur la fixité de l'espèce, si nous pesons bien les paroles suivantes de l'écrivain sacré (1) :

Et protulit terra herbam virentem et FACIEN-TEM SEMEN JUXTA GENUS SUUM, *lignumque faciens fructum et* HABENS UNUMQUODQUE SEMEN-

____
(1) *Genèse*, chap. I, v. 12.

TEM SECUNDUM SPECIEM SUAM, ou, selon la traduction d'Arias Montanus : *Et protulit terra germen,*
HERBAM SEMINIFICANTEM SEMEN IN SPECIE SUA,
et arborem facientem fructum CUJUS SEMEN IN
EA SPECIE SUA. — Ce texte en effet nous montre la perpétuité de l'espèce, par voie de génération ; les plantes produiront des *semences de
leur espèce;* c'est-à-dire évidemment, des semences qui donneront naissance à des êtres semblables à ceux qui les ont produites et non à
des êtres d'une espèce différente. Mais s'il en est
ainsi, dans une série de générations aussi longue
qu'on voudra, chaque plante étant toujours de
même espèce que celle qui l'a produite, la dernière venue devra être de même espèce que celle
qui a été l'origine de toutes les autres.

Moïse ne dit pas explicitement de la perpétuité des espèces animales ce qu'il vient de dire
des plantes, mais on doit évidemment le conclure par analogie.

Ainsi donc le récit de la création affirme
clairement et positivement l'existence et la fixité
des espèces, tandis qu'on ne saurait y trouver
le plus petit mot qui favorise la doctrine des
transformistes.

Une conclusion générale ressort des trois propositions précédentes : admettre que les espèces dérivent les unes des autres, quand bien même on n'exclurait pas l'action de Dieu, c'est admettre une doctrine qui n'est pas compatible avec les expressions bibliques.

Les hommes honorables qui ont imaginé le transformisme spiritualiste, comme une sorte de transaction entre la religion et la science, ne paraissent pas s'être préoccupés de cette difficulté, ou du moins avoir suffisamment pesé les expressions que Moïse a employées dans le récit de la création ; ils semblent avoir eu principalement en vue de concilier le transformisme avec la raison. L'accord de cette doctrine avec la sainte Écriture est pourtant une chose capitale, qui ne peut pas rester dans l'ombre.

Nous avons exposé ce qui nous paraît ressortir clairement du texte sacré, sans avoir la prétention de trancher définitivement cette question. À chacun de peser nos raisons et d'en apprécier la valeur.

Nous ne dissimulerons pas qu'on oppose à notre interprétation plus d'une objection ; nous allons les examiner.

150. 1re *Objection*. — Darwin admet l'existence, non pas d'un seul, mais de plusieurs types primitifs dans le règne végétal et dans le règne animal. Cette hypothèse peut se concilier avec le langage de l'Écriture. Celle-ci nous dit en effet que les animaux furent créés par espèces, mais sans déterminer le nombre des espèces.

Réponse. — Il est bien vrai que Moïse ne détermine pas le nombre des espèces, pas plus qu'il ne détermine le nombre des individus végétaux et animaux créés par Dieu, mais il nous dit que Dieu a créé tous les végétaux et tous les animaux, et que, dès leur création, il les a rangés en espèces distinctes. Les termes qu'il emploie sont des termes généraux qui embrassent tout ce qui a vie sur la terre. Ainsi il ne dit pas : que la terre produise des herbes vertes et des arbres à fruit, mais il dit : que la terre produise l'herbe verte et l'arbre à fruit, *herbam virentem et lignum pomiferum*, termes qui embrassent tout le règne végétal. Plus loin il dit encore plus expressément : *creavit Deus cete grandia et* OMNEM *animam viventem..... et* OMNE *volatile*. De plus à chaque groupe de végétaux ou d'animaux qu'il mentionne, il prend un soin spécial de nous dire que Dieu les a créés selon leur espèce ; or ne ressort-il pas naturellement de là que Dieu, en créant tous les végétaux et tous les animaux a aussi créé toutes les espèces.

151. 2ᵉ *Objection*. — Darwin soutient qu'il existe aujourd'hui des espèces qui sont sorties d'espèces différentes. La sainte Écriture ne nous apprend rien sur cette question ; elle ne nous dit point que cela est, elle ne nous dit pas non plus que cela n'est pas ; elle est par conséquent en dehors du débat.

Réponse. — La sainte Écriture ne dit pas expressément que les espèces sont fixes et ne dérivent pas les unes des autres, mais on doit le conclure de ses expressions. C'est ce que nous avons démontré dans la proposition IIIᵉ (149) : il est inutile d'y revenir.

152. 3ᵉ *Objection*. — Le style de Moïse dans le récit de la création est un style poétique, qui doit être interprété avec largeur, et c'est s'exposer à mal saisir sa pensée, que de prendre

ses expressions dans un sens rigoureux et précis ; par conséquent, dans le cas actuel, le terme
espèce ne doit pas être pris à la lettre et rigoureusement.

Réponse. — Nous n'avons aucune peine à accepter cette règle d'interprétation, tout au contraire ; mais s'il y a dans le récit de Moïse des
expressions poétiques et dont le sens admet une
interprétation large, est-ce à dire que toutes
sont dans ce cas ? Il nous semble qu'avant de
se prononcer, il convient de considérer la nature
du mot et le contexte. Or il n'y a aucune nuance de
poésie dans cette expression *secundum speciem
suam*, selon son espèce ; ce n'est point un de ces
mots qui prêtent à l'exagération, et on ne voit
pas que la poésie l'ait fait employer de préférence à un autre. D'un autre côté, l'insistance
avec laquelle Moïse revient sur cette expression
ne nous permet pas d'y voir une expression sans
portée et échappée sans dessein de sa plume.
Non seulement il la répète à chaque nouvelle
phase de la création des êtres vivants, mais il la
répète même plusieurs fois pour chaque phase.
Il semble craindre qu'on ne la remarque pas
assez. On n'énonce pas si souvent et à si peu d'in-

tervalle une pensée, si l'on ne veut pas appeler sur elle une attention spéciale, et si l'on n'y attache pas d'importance.

153. 4° *Objection*. — Moïse dans son récit parle comme le vulgaire, et il ne faut pas attacher à l'expression qu'il emploie ici le sens précis qu'on lui donne dans la science.

Réponse. — Que Moïse ait parlé comme le vulgaire et n'ait pas emprunté le langage de la science, nous en sommes parfaitement convaincu ; mais ici y a-t-il lieu de distinguer le sens attaché au mot espèce par le vulgaire, de celui que lui attribuent les savants ? L'idée d'espèce, en tant qu'elle indique une délimitation tranchée entre les divers groupes des êtres vivants, est une idée que tout le monde possède. Un homme illettré ne serait pas en état, il est vrai, de donner une définition précise de ce terme, mais qu'on lui demande, par exemple, si tel animal est de la même espèce que tel autre, il comprendra parfaitement la question, et le montrera par sa réponse. S'il y a un sens vulgaire attaché au mot espèce, n'est-ce pas plutôt celui de la fixité

que celui de la variabilité indéfinie? Avant la
controverse soulevée par les premiers transformistes, qui a jamais pris l'expression de Moïse
dans un autre sens que celui-là ?

154. *5ᵉ Objection.* — On ne voit pas d'exemple
où le texte de la Genèse ait suffi par lui-même à
résoudre une question scientifique, tandis qu'il
est plusieurs cas où les découvertes scientifiques
ont fait modifier l'interprétation du texte généralement admise.

Réponse. — Cette objection est une simple
présomption qui doit céder devant de bonnes preuves, et ces preuves nous croyons les avoir apportées. On ne peut pas poser en principe que le
texte biblique ne suffira jamais à trancher une
question scientifique (1).

(1) Nous serions entraînés trop loin s'il nous fallait rechercher
ici jusqu'où s'étend l'autorité de la Bible dans les discussions
qui touchent à la science. On peut consulter sur ce point une
savante dissertation du R. P. Brucker S. J. sur l'*Étendue de
l'inspiration des livres saints*, publiée par *La Controverse* et le
Contemporain, 15 décembre 1884, page 529 et 15 janvier 1885,
page 117.

Ici, d'ailleurs, le texte de la Genèse n'est pas seul. Les raisons que nous avons apportées pour combattre le transformisme ne nous paraissent pas laisser de place au doute, et en laisseraient-elles, on ne voit pas pourquoi l'insistance de Moïse sur la création distincte des espèces, ne ferait pas pencher la balance de ce côté.

Dans les cas où les découvertes scientifiques ont fait modifier l'interprétation généralement admise, le texte était susceptible de cette nouvelle interprétation, et on se trouvait en face de faits positifs qui ne pouvaient pas se concilier autrement avec le texte sacré. Ici c'est tout le contraire. Nous ne voyons pas quel autre sens on peut donner au mot espèce, et au lieu de faits positifs se dressant en face de cette interprétation, on n'a qu'une hypothèse contredite par l'histoire du passé aussi bien que par l'expérience du présent.

155. 6ᵉ *Objection.* — Dieu a établi des lois qui régissent la nature inanimée, telles sont : la gravitation universelle, les lois des attractions moléculaires, des combinaisons chimiques, etc. En vertu de ces lois, une fois posées, les phénomènes naturels se déroulent avec une variété pour ainsi dire indéfinie, sans que l'action divine pa-

raisse intervenir d'une manière directe et immédiate. N'est-on pas en droit de conclure par analogie que, dans la nature vivante. Dieu a agi de la même manière et a établi des lois en vertu desquelles les espèces sont sorties les unes des autres, sans qu'il les ait créées directement?

Réponse. — Nous pouvons répondre à cette objection comme nous l'avons fait à la précédente. Cette preuve d'analogie est bien peu solide en présence de l'affirmation de Moïse et des preuves que nous avons apportées de la permanence des espèces. On conçoit très bien que Dieu, dans des choses qui dépendent de sa libre volonté, n'agisse pas par analogie, et suive dans un cas une marche différente de celle qu'il a suivie dans un autre qui paraît semblable.

Bien que nous ne puissions pas voir toutes les raisons qui le déterminent à choisir un mode plutôt qu'un autre, nous en découvrons assez cependant dans le cas qui nous occupe, pour saisir le motif de cette différence d'action. La création étant la plus haute manifestation de sa puissance, Dieu qui, selon l'expression d'Isaïe, ne donne point sa gloire à un autre, a voulu montrer d'une manière éclatante cet attribut divin au commencement des choses en créant directement et immédiatement les espèces vivantes, de même qu'il a créé immédiatement la matière brute.

Et puisqu'on veut voir de l'analogie entre l'action de Dieu s'exerçant sur la nature dépourvue de vie et sur la nature vivante, nous en ferons remarquer une, qui n'est pas en faveur du transformisme. Dieu, en créant la matière brute, l'a douée dans de certaines limites d'une immutabilité absolue. C'est ce qui se remarque dans les corps que l'on appelle simples, et que tous les efforts des chimistes n'ont pu décomposer. Il a soumis cette matière à des lois également immuables, et néanmoins, avec cette fixité au point de départ, il émerveille nos yeux par la variété des êtres et des phénomènes qui en découlent. De même, dans la nature vivante, Dieu a créé les espèces fixes et immuables dans de certaines limites, qu'elles ne peuvent franchir, il les a soumises à des lois stables et constantes, et cependant, au lieu de l'uniformité, il nous montre, même pour chaque espèce, la plus grande variété dans les formes et aussi la plus grande variété, comme le plus bel ordre, dans les rapports que les êtres ont entre eux. Ainsi donc, de part et d'autre, fixité et immutabilité à la base de l'édifice, variété et fécondité dans l'ordonnance des parties et dans les ornements qui les décorent.

156. 7ᵉ *Objection*. — « Qu'on veuille bien relire la narration mosaïque de la création, dit M. Naudin (1), et l'on reconnaîtra bientôt que la cosmogonie biblique n'est, du commencement à la fin, qu'une théorie évolutioniste, où les grands phénomènes de la création s'enchaînent dans un ordre naturel et logique. »

Réponse. — Nous avons lu et relu le récit de Moïse, sans pouvoir y trouver la théorie évolutioniste de M. Naudin. Nous y voyons que Dieu a procédé avec ordre dans la création ; nous y voyons que cet ordre s'accorde parfaitement avec les découvertes géologiques : mais nous n'y voyons point que les espèces se soient formées les unes des autres ; nous y voyons tout au contraire, et en termes formels, que Dieu a créé les plantes et les animaux chacun selon son espèce.

157. 8ᵉ *Objection*. — « D'après Moïse, Dieu commande aux éléments de produire les plantes et les animaux, sans y prendre lui-même une

____

(1) Cité par M. Proost dans la *Revue des questions scientifiques de Bruxelles*, juillet 1881, p. 128.

part directe et immédiate. Il ne paraît sur la scène que pour achever l'œuvre de la création, l'homme son chef-d'œuvre. Jusque-là, Dieu se borne à faire agir les causes secondes (1). » M. Naudin donne ceci en preuve de ce qu'il a avancé plus haut, à savoir que la cosmogonie biblique n'est, du commencement à la fin, qu'une théorie évolutioniste.

Réponse. — Nous reconnaissons sans peine que d'après le texte sacré Dieu dit : *Germinet terra... Producant aquæ... Producat terra*, et que, à prendre ces termes à la lettre, Dieu a fait agir les causes secondes dans la création ; mais nous n'admettons pas les conclusions qu'on en veut tirer. Voici nos raisons.

1° Ces termes, *Germinet terra... Producant aquæ*, peuvent très bien n'être pas pris à la lettre, et, par le fait, plus loin le texte nous montre Dieu créant directement et immédiatement les grands monstres marins et les animaux terrestres : *Creavitque Deus cete grandia... Et fecit Deus bestias terræ*.

(1) Cité par M. Proost dans la *Revue des questions scientifiques de Bruxelles*, juillet 1881.

2° Mais admettons, si l'on vent, que Dieu se soit servi des causes secondes pour créer les êtres vivants ; que s'ensuivrait-il par rapport à la question qui nous occupe ? Absolument rien ; il s'agit de deux actes parfaitement distincts et indépendants l'un de l'autre. Dieu a très bien pu faire sortir de la terre et des eaux les animaux et les plantes, sans faire dériver les espèces les unes des autres. Le texte parle du premier acte, mais, loin d'affirmer l'autre, il dit tout le contraire.

3° Tout ce qu'on peut conclure de là, c'est que Dieu *aurait pu* faire sortir les espèces les unes des autres, de même qu'il a pu faire produire à la matière inanimée des êtres vivants. Nous ne le nions pas et nous l'avons déjà admis, mais est-il logique de conclure qu'une chose a été faite, parce qu'on a pu la faire ? De la possibilité à l'acte il y a un abîme.

II. — La Tradition.

Saint Augustin, saint Thomas, Cornelius à Lapide et Suarès invoqués comme partisans du transformisme spiritualiste.

158. La question de l'évolution des espèces est une question toute moderne, et il n'y a pas lieu d'être étonné que la tradition ne nous fournisse

pas d'arguments pour combattre une erreur, dont
le passé n'avait pas même l'idée. Mais les évolutionistes spiritualistes prétendent y trouver des
défenseurs de leur cause, et nous citent saint Augustin, saint Thomas, Cornelius a Lapide et Suarez
comme favorables à leur système. Voici les textes
que M. Saint-Georges-Mivart apporte pour le
prouver (1).

159. Saint Augustin dans son livre *de Genesi
ad litteram* (2) dit expressément : « De même
que dans la seule graine est contenu tout ce qui
dans le temps doit s'élever sous forme d'arbre,
de même, quand on dit que Dieu crée tout ensemble, *Creavit omnia simul*, il faut comprendre le monde entier, avec tout ce qui a été
fait en lui et avec lui, lorsque le jour fut venu,
non seulement le ciel avec le soleil, la lune et les
étoiles, mais aussi tous les êtres que la terre et
l'eau ont produits potentiellement et causative-
ment, avant qu'ils naquissent dans la suite des
temps, tels qu'ils nous sont déjà connus dans les
œuvres que Dieu opère encore aujourd'hui. » Et
ailleurs : « Tous ces êtres, originairement et pri-
mordialement, sont déjà créés dans une certaine

(1) *Les Mondes*, t. 47, p. 83.
(2) Livre V, chap. V, n° 44.

texture des éléments, mais ils se produisent
quand l'occasion favorable en est donnée. »

160. Saint Thomas cite et approuve les textes
de saint Augustin, et déclare formellement avec
lui (*Summa* I, *quæst*. 66, art. IV, *ad* 3) que « dans
la première institution de la nature, il ne faut pas
regarder au miracle, mais aux lois de la nature. »
Il dit encore avec saint Augustin que « quoique les
animaux soient la dernière création du monde,
ils ont été créés d'abord potentiellement, pour apparaître visiblement dans la suite des temps par
une création dérivatrice. » Et ailleurs encore :
« Dans la première institution des choses, le
Verbe de Dieu fut le principe actif qui, de la matière élémentaire, produisit les animaux actuellement ou virtuellement. » (*Quæst*. 47, art. 8.) Cornelius a Lapide affirme que certains animaux au
moins n'ont pas été créés formellement, mais potentiellement. (Commentaire sur la *Genèse*, ch.
IV.) Suarez (*De Creatione*, disp. XV, n° 9, 13, 19)
se fait l'écho de ces mêmes doctrines.

« Il est donc vrai, conclut M. Saint-Georges-
Mivart, que les autorités théologiques les plus
respectables affirment la création dérivatrice, et
qu'elles n'ont condamné ni l'évolution générale,
ni même les générations spontanées. »

Interprétation des textes allégués.

161. Pour bien saisir le sens de ces textes, il faut avoir présent à l'esprit le but que se proposait saint Augustin et après lui les écrivains ecclésiastiques qui ont embrassé son opinion. Ce saint docteur voulait concilier ces paroles du livre de *l'Ecclésiastique* (ch. 18, v. 1), *Qui vivit in æternum creavit omnia simul*, avec le récit de Moïse qui nous représente Dieu, créant l'univers en six jours, ou en six époques différentes. C'est pour cela qu'il admet une création primitive et simultanée, embrassant tous les êtres *potentiellement*, c'est-à-dire, si nous saisissons bien sa pensée, que Dieu a d'abord créé toute la matière d'où devait sortir plus tard l'universalité des êtres, et qu'il a en même temps établi des lois et donné à la matière des propriétés telles que plus tard en sortiraient en leur temps les divers êtres qui constituent l'univers.

Or, cette opinion de saint Augustin est fondée sur une interprétation erronée du terme que la Vulgate traduit par *simul*, et qui doit être traduit par *omnino* (1). Le texte d'après cela signifie :

(1) Le grec dans ce passage porte χοίνη, qui signifie *pariter, communiter*. Nous n'avons plus le texte hébreu de l'*Ecclésiastique* ;

Celui qui vit de toute éternité a tout créé SANS EX-CEPTION, ce qui offre un sens bien différent de celui de la Vulgate. Dès lors l'opinion du saint docteur n'a pas la portée qu'on veut lui donner.

2° C'est d'ailleurs donner à l'opinion de saint Augustin, regardant l'œuvre des six jours comme l'effet des causes secondes, une extension qu'elle n'a pas, que d'y voir une preuve en faveur de la transformation des espèces. En effet dans le développement des êtres produit par ces causes secondes, les espèces ont *pu surgir à côté les unes des autres, sans provenir les unes des autres,* et il n'y a rien dans les textes de saint Augustin, pas plus que dans les autres textes cités, qui suppose cette transformation des espèces.

162. 3° Nous pouvons même expliquer saint Augustin par saint Augustin lui-même, et montrer qu'il était loin d'ouvrir la voie aux transformistes, lorsqu'il exposait ainsi ses vues sur l'œuvre de la création.

En effet ce saint docteur, en parlant de la création des plantes, fait remarquer que ce ne sont pas les graines qui ont été créées les premières.

mais le terme correspondant en hébreu serait *iachdar* qui peut signifier *simul*, mais qui peut aussi se traduire par *omnes omnibus*. C'est là le sens adopté par Ménochius et par Cornelius a Lapide.

mais les plantes mêmes à l'état adulte et déjà
capables de produire des fruits. « La terre aurait-elle tout d'abord produit des graines, se demande-t-il? Ce n'est pas ainsi que parle l'Écriture, lorsqu'elle dit : *Et produxit terra herbam pa-
buli (vel herbam feni) seminantem semen secundum
genus et secundum similitudinem, et lignum fructuosum faciens fructum cujus semen in se secundum genus suum super terram*. On voit bien par ces
paroles que les semences sont venues des plantes
herbacées et ligneuses, tandis que celles-ci ne
sont pas venues des semences, mais de la terre ;
on en est d'autant plus assuré, que c'est la parole
même de Dieu qui ne dit pas : GERMINENT SEMINA
in terra herbam feni et lignum fructuosum; mais
qui dit : GERMINET TERRA *herbam feni seminantem
semen* (1). » Mais cette apparition de plantes,
déjà en état de produire des semences, ne ressemble guère, il faut l'avouer, à l'évolution lente
et graduelle des transformistes.

Dans un autre passage (2) saint Augustin nous
montre qu'il entend dans le même sens que nous,
c'est-à-dire, dans le sens de la fixité des espèces,
les paroles si souvent répétées dans le premier chapitre de la Genèse, *secundum genus suum*. Il rap-

(1) *De Genesi ad litteram*, lib. V, cap. IV.
(2) *De Genesi ad litter.*, lib. imperfectus, cap. XI.

porte encore le texte relatif à la création des plantes que nous venons de citer, et il ajoute : « Dicendum fuit : ferentem semen secundum genus suum et similitudinem, et cujus semen sit in se secundum suam similitudinem, *ubi similitudo nascentium prætereuntis similitudinem* SERVAT. » C'est-à-dire qu'il faut conclure des paroles de la *Genèse* que les descendants GARDENT la ressemblance de ceux qui leur ont donné naissance. On ne peut pas affirmer d'une manière plus nette la fixité des espèces.

Concluons donc de là que les transformistes spiritualistes cherchent bien à tort à s'appuyer sur l'autorité de saint Augustin et de ceux qui, comme lui, admettent une création générale et simultanée, précédant l'œuvre des six jours. Ces écrivains n'ont en aucune manière voulu contredire les paroles si affirmatives de Moïse, qui nous montre Dieu créant les plantes et les animaux, chacun selon son espèce.

III. L'Église.

163. L'Église ne s'est pas prononcée sur le transformisme spiritualiste.

A ne considérer cette opinion que sous ce rapport, elle peut donc être soutenue librement ; mais toute opinion qui n'est pas condamnée, est-elle par cela même à l'abri de l'erreur, et ne peut-on pas s'écarter, en la soutenant, des règles de la prudence? Nous nous bornons à poser cette question, laissant à chacun le soin d'y répondre. Ce qui précède laisse suffisamment voir quelle est notre pensée à cet égard et sur quels motifs elle s'appuie; mais nous sommes bien loin d'avoir la prétention de l'imposer.

§ III. — Le transformisme spiritualiste et les faits.

164. Faisons-le d'abord remarquer, les arguments que nous avons apportés, soit contre le transformisme en général, soit contre le darwinisme, conservent toute leur valeur contre le transformisme spiritualiste, à cela près que le transformisme ainsi entendu n'est pas contraire au bon sens comme le transformisme matérialiste et athée. Par conséquent, si les transformistes spiritualistes ne commencent pas par réfuter ces arguments, et s'ils n'en apportent pas de meilleurs que ceux dont nous avons jusqu'ici constaté la faiblesse, nous serons en droit de rejeter leur système, comme nous avons rejeté les autres. Or, si nous cherchons quelles sont les

raisons qu'ils apportent en leur faveur, nous trouvons qu'au lieu de citer des faits précis, qui ne puissent s'expliquer que dans leur opinion, au lieu de répondre aux arguments qu'on oppose au transformisme et au darwinisme, ils ne font que reproduire ce que nous avons déjà réfuté, ou ils n'apportent que des considérations vagues et générales, qui ne s'appuient sur aucun fait inexplicable en dehors de leur système.

Entrons dans quelques détails pour montrer ce que nous venons d'avancer.

I. Arguments des transformistes spiritualistes déjà réfutés dans ce qui précède.

165. Il est des écrivains qui, sans se déclarer ouvertement pour le transformisme, s'y montrent jusqu'à un certain point favorables, et parmi les motifs qui semblent les faire pencher pour cette opinion, ils allèguent la gradation qui existe entre les êtres organisés, la découverte de nouveaux intermédiaires, l'adaptation au milieu, le développement embryonnaire, les organes rudimentaires, la répartition des animaux sur le globe (1). Nous

(1) Cf. *Revue des questions scientifiques de Bruxelles*, janvier 1878, p. 155 et juillet 1881, p. 124, 125 et 126.

avons déjà réfuté ces arguments, et nous ne pouvons que renvoyer le lecteur à ce que nous avons déjà dit sur ce sujet (1).

M. le comte de Saporta qui est un des représentants les plus connus du transformisme spiritualiste, a fait paraître, dans ces dernières années, deux ouvrages dans lesquels il soutient cette doctrine (2).

166. Dans le premier de ces ouvrages il ne semble pas avoir apporté d'arguments nouveaux en faveur du transformisme, et, bien qu'il se soit occupé spécialement des végétaux, c'est surtout au règne animal qu'il emprunte ses arguments. On peut voir le compte-rendu de ce livre par M. Jean d'Estienne dans la *Revue des questions scientifiques de Bruxelles* (3). Pour juger de la valeur de ses arguments nous allons emprunter quelques-unes des appréciations de M. Jean d'Es-

(1) Première partie, chap. Ier, § II; chap. III, § I, § II et § III. Deuxième partie, art. II, art. III, § I, § III et § IV.

(2) *Le Monde des plantes avant l'apparition de l'homme*, 1879. *L'Évolution du règne végétal*, en collaboration avec M. Marion, professeur à la faculté des sciences de Marseille, 1881.

(3) Octobre 1879, p. 451 et suiv.

tienne, en y joignant nos observations personnelles.

M. de Saporta pour préparer le lecteur à accueillir sa théorie, commence d'abord par nous
dire qu'il n'en peut pas faire la preuve : « Pour
établir que la théorie transformiste s'adapte sans
effort aux faits connus, il faudrait, dit-il, pouvoir
faire la preuve de trois choses : d'une marche des
faits en tout pareille à ce qu'elle eût été en supposant la théorie vraie, d'une concordance entière
dans le passé comme dans le présent et de l'existence constante de transitions entre types opposés.
Il est vrai que cette preuve n'est pas faite : mais
on sait bien que dans les termes où l'on s'obs-
tine à la demander, une telle preuve est impossible. » Voilà, il faut l'avouer, une nouvelle
manière de procéder pour établir une vérité, que
de commencer par reconnaître qu'on n'en peut
donner de preuves. « S'il est impossible de prouver d'une manière décisive et directe que les
choses ont marché comme elles l'eussent fait en
admettant la réalité de l'évolution ; si les moyens
manquent pour établir irrésistiblement que tout
concorde dans le passé comme dans le présent et
qu'il existe constamment des transitions entre
des types opposés, il faut en conclure que la théorie transformiste n'a d'autre valeur que celle

d'une hypothèse (1). » Non seulement ce n'est qu'une hypothèse, mais c'est une hypothèse contredite par les faits, comme nous l'avons prouvé surabondamment dans la première partie de cette étude.

« La fixité de l'espèce est justement, dit M. Saporta, ce qu'il faudrait prouver, non seulement en ce qui touche l'heure présente, mais pour toute la durée des périodes antérieures. » Mais cette preuve est faite pour l'époque actuelle, et il est surprenant que M. de Saporta la réclame après les preuves données par MM. Agassiz, Godron, de Quatrefages, Faivre, etc. ; elle est faite même pour toute la durée des temps historiques et paléontologiques, nous l'avons montré. C'est aux transformistes de réfuter nos arguments et de prouver que les choses se sont passées pendant les périodes antérieures autrement qu'elles ne se passent maintenant.

En preuve de la non-fixité des espèces M. de Saporta nous dit ceci : « La stérilité des hybrides n'est ni absolue ni permanente ; elle présente bien des degrés divers et successifs, depuis la fécondité *partielle* jusqu'à la fécondité *constante et indéfinie*, perpétuée à l'aide de nouveaux croisements avec

(1) M. Jean d'Estienne, p. 462.

l'une des deux formes parentes. » « Quelques
exemples à l'appui de cette affirmation n'eussent
pas été inutiles, non plus que pour corroborer
celle-ci : » — « Deux espèces voisines en apparence
donnent lieu à des produits viciés, tandis que l'on
voit d'autres hybrides provenant d'espèces bien
plus éloignées présenter des produits féconds, au
moins *partiellement.* » — « Que faut-il entendre
par cette fécondité partielle ? Ou cela signifie une
fécondité décroissante s'éteignant après un petit
nombre de générations, ou la signification nous
en échappe. Quant à une fécondité rendue indéfinie au moyen de croisements avec l'une des espèces parentes, ce ne serait toujours, *en supposant
le fait démontré*, qu'une fécondité artificielle (1). »
Une telle fécondité nécessiterait l'intervention de
l'homme, et dès lors on ne pourrait pas lui attribuer les transformations des espèces qui ont précédé l'apparition de l'homme sur la terre.

« M. de Saporta récuse pour sa doctrine telle
qu'il la comprend, la dénomination de darwinisme
« qu'il est plus juste, dit-il, de restreindre à la série
d'hypothèses à la fois hardies et ingénieuses dont
le naturaliste anglais a été si prodigue. » —
« Mais... il n'a pas échappé lui-même autant qu'il

____

(1) M. Jean d'Estienne, p. 478.

le croit aux séries d'hypothèses hardies et ingénieuses. » Ainsi « obligé de reconnaître que les exemples abondent d'êtres « *demeurés à peu près invariables depuis un âge très reculé,* » il ajoute que d'autres organismes *ont dû* changer et produire des variétés ; qu'*il n'y a rien d'impossible* à admettre que quelques-unes de ces dernières plus accentuées, aient dominé par l'exclusion des intermédiaires ; que *l'on conçoit* tous les passages de l'une à l'autre, etc., etc. : argumentation qui peut bien suffire pour démontrer *la possibilité* d'une théorie, mais qui ne suffit pas à en prouver la réalité (1). »

167. Dans son second ouvrage, qu'il a fait en collaboration avec M. Marion et qui a pour titre : *L'Évolution du règne végétal,* M. de Saporta prend la théorie évolutioniste pour point de départ, et s'efforce de montrer comment le règne végétal est sorti, par voie de transformation successive, des organismes les plus élémentaires. Il s'appuie surtout sur le développement embryonnaire des plantes, et il tire de ses observations les mêmes conclusions qu'on a voulu tirer du développement embryonnaire des animaux.

« Le développement embryogénique d'une

____

(1) M. Jean d'Estienne, p. 468.

plante supérieure nous montre une série de stades successifs, qui constituent une véritable évolution, allant d'un protoplasme amorphe à toute la complication d'organisation d'une plante supérieure, d'un arbre angiosperme.

« Dans les gymnospermes et les cryptogames on rencontrerait également, sauf les particularités spécifiques et de détail, ces trois premiers degrés ou stades :

1° Une masse protoplasmique s'organisant en cellule ;

2° Des tissus cellulaires fondamentaux qui se façonnent ;

3° Des cellules primordiales se métamorphosant pour former les éléments des fibres et des vaisseaux.

« Puis, si l'on observe des organismes plus humbles, on constate que la série s'interrompt à un stade moins avancé, que les divers organes y prennent naissance en un simple tissu cellulaire, ce stade devenant définitif ici, quand il n'est que transitoire ailleurs (1). »

Nous ne pouvons pas suivre MM. de Saporta

(1) Analyse par M. C. K., dans la *Revue des questions scientifiques*, octobre 1881, p. 594.

et Marion dans les développements qu'ils donnent
à ces affirmations ; nous dirons seulement qu'elles
ne nous inspirent pas une confiance entière ; non
pas que nous mettions en doute leur bonne foi,
mais ces affirmations sont fondées la plupart du
temps sur des observations microscopiques, et
on sait à combien d'illusions peut se prêter le
microscope, quand l'esprit de système en dirige
les investigations, et qu'il s'agit de découvrir
jusqu'aux plus intimes secrets de l'organisme.

Au reste en admettant que les végétaux supérieurs dans leur développement embryonnaire
passent par toutes les phases que l'on nous décrit,
et représentent bien nettement, à chacune de ces
phases, les traits des groupes inférieurs, nous
serions en droit de faire aux conclusions qu'en
tirent ces messieurs, la réponse déjà faite aux arguments tirés de l'embryogénie animale ; l'explication qu'ils donnent des faits est une hypothèse
gratuite et ces faits peuvent s'expliquer autrement. On peut se reporter à ce que nous avons
dit à ce sujet (125 et 126).

168. Donnons pour terminer l'appréciation
que M. C. K. fait de l'ouvrage de MM. de Saporta
et Marion dans la *Revue des questions scienti-*

fiques de Bruxelles (1). Malgré sa sympathie avouée (2) pour la théorie évolutioniste, son appréciation n'est pas de nature à nous convaincre que ces messieurs aient apporté des preuves péremptoires en faveur de cette doctrine.

« L'œuvre de MM. de Saporta et Marion pourrait encourir le reproche... de pécher par excès d'enthousiasme. Cet enthousiasme est tel chez eux, qu'ils n'admettent pas que leur théorie soit qualifiée d'hypothèse : c'est pour eux la certitude, la certitude absolue. A ceux qui demanderaient, pour accepter cette certitude des preuves suffisamment convaincantes, ils répondent que c'est vainement que la science s'épuiserait à vouloir les leur fournir, *dès qu'ils sont disposés à les écarter comme insuffisantes.*

« Nous ne saurions accepter cette fin de non recevoir. On n'a pas le droit de prêter à qui demande loyalement des preuves suffisantes, l'arrière-pensée et le parti pris d'avance de les réprouver systématiquement...

« Tant que les adeptes d'un système en sont encore réduits à recourir sans cesse à des formules dubitatives, ils ne sont pas en droit de proclamer

______

(1) Octobre 1881, p. 598.
(2) *Ibid.*, p. 599.

sa solidité absolue. Or, à chaque page l'on rencontre, dans l'ouvrage qui nous occupe, des affirmations atténuées par des membres de phrase tels que : « *ont dû* », « *ont pu* », « *sans doute* », « *assurément* », « *il est par suite légitime de croire et naturel de constater que tels végétaux ont dû commencer à se montrer* », « *pourrait bien dénoter* », « *loi qui paraît s'étendre,* etc. » Pour qu'une démonstration ait la puissance de forcer la conviction, il lui faut un langage plus ferme et plus assuré.

« Il faudrait aussi éviter d'ébranler dès les débuts la confiance du lecteur par l'énoncé, sérieusement et d'ailleurs sincèrement fait, de données que la science a dû repousser comme vaines et résultant d'une méprise. En nous disant que l'amibe des bords sableux de la Méditerranée provençale « est évidemment très proche parent du *protobathybius* des mers polaires », les auteurs de l'*Évolution du règne végétal,* risquent d'éveiller tout d'abord la méfiance dans l'esprit de ceux de leurs lecteurs — et ils sont nombreux — qui connaissent le roman, la mystification pour mieux dire, du *bathybius,* ce prétendu protoplasme marin au sulfate de chaux. »

Nous nous sommes étendu un peu longuement sur l'examen des livres de M. de Saporta, parce que c'est un des représentants les plus en vue du transformisme spiritualiste, et que son autorité dans la science pourrait faire regarder comme acceptable son opinion sur l'origine des espèces. Nous aimons à rendre hommage à son savoir et à son talent d'écrivain, mais nous sommes obligé de distinguer ce qui constitue en lui la vraie science des conclusions hasardées qu'il en tire.

II. Arguments spéciaux des transformistes spiritualistes.

169. Quand nous cherchons à découvrir quelles sont les raisons nouvelles et spéciales qui ont entraîné l'adhésion des transformistes spiritualistes au système de l'évolution, nous ne trouvons le plus souvent, comme nous l'avons fait remarquer plus haut, que des considérations vagues et générales qui ne s'appuient sur aucun fait nettement formulé.

Ainsi, on nous dit que cette théorie *est plus scientifique, qu'elle simplifie l'œuvre du créateur, qu'elle explique un plus grand nombre de faits, qu'elle les explique mieux.* Il serait désirable

qu'on appuyât ces assertions de quelques preuves, dont on pût apprécier la valeur. Répondons-
y néanmoins, et voyons si elles sont de nature à
forcer la conviction.

170. 1° D'abord demandons-nous ce qu'il faut
entendre par *théorie scientifique*. — Est-ce une
théorie qui est hors de la portée du vulgaire, et
qui n'est compréhensible que pour des savants
et des hommes spéciaux? Mais en quoi la vérité
d'une théorie est-elle affectée par la science plus
ou moins grande de ceux qui la comprennent?
Parce que le vulgaire comprend aussi bien que
les savants que deux et deux font quatre, cela
rend-il la chose douteuse? Pourquoi voudrait-on
que Dieu ait réservé aux seuls savants le privi-
lège de comprendre comment il a créé les êtres
qui peuplent notre globe? N'importe-t-il pas au
contraire que tous, les ignorants aussi bien que
les savants, comprennent cet acte de la souveraine puissance, afin que tous soient portés à lui
rendre hommage et à le reconnaître comme le
souverain maître de l'univers? A ce point de vue
donc la théorie de l'évolution n'a aucun droit à
nos préférences. — Veut-on entendre par *théorie*

scientifique une théorie qui s'appuie sur une vérité incontestable et qui s'en déduit par une suite de raisonnements rigoureux? Est-ce que ce serait là le cas de la théorie évolutioniste qui s'appuie sur de pures hypothèses, et que nous avons démontrée être contraire à l'histoire, à la paléontologie, à l'expérience et aux faits contemporains?

171. 2° On nous dit encore que cette théorie *simplifie l'œuvre du créateur.* — Voilà une assertion que nous nous permettons de contredire; nous trouvons qu'il est tout aussi simple, pour ne pas dire bien plus simple, de créer immédiatement les espèces que de les faire dériver les unes des autres, en vertu de lois préétablies, lois évidemment très complexes, et dont les évolutionistes sont bien loin d'avoir trouvé le secret.

172. 3° On prétend que le système transformiste *explique un plus grand nombre de faits* et *les explique mieux.* — Tout ce que nous avons dit jusqu'ici est une preuve du contraire. La croyance qui admet, sur la parole de Moïse, ou plutôt, sur la parole de Dieu, la création directe

des espèces, explique tous les faits, et elle les explique très simplement. L'opinion transformiste, nous ne nous lassons pas de le répéter, parce qu'on semble trop l'oublier parmi ceux que nous combattons, est en opposition avec les faits, elle ne s'appuie que sur des hypothèses et elle contredit le récit que Moïse nous fait de la création.

Elle expliquerait mieux les faits pour ceux à qui il répugnerait d'admettre l'action immédiate de Dieu dans l'organisation de l'univers ; qui, par une sorte d'horreur du miracle, voudraient enchaîner sa liberté dans de prétendues lois qu'il aurait faites, il est vrai, mais qu'il ne lui serait pas permis de franchir ; qui auraient en quelque sorte peur de lui, et voudraient le reléguer le plus loin possible du monde. Elle expliquerait mieux les faits encore pour certains esprits, infatués de la science, qui auraient la prétention de tout soumettre à son contrôle, qui n'imagineraient pas qu'il puisse y avoir dans la nature de mystères inabordables à l'intelligence humaine. Nous sommes très persuadé que les transformistes spiritualistes sont loin d'adhérer à de pareilles pensées, mais il semblerait quelquefois qu'ils raisonnent comme s'ils étaient inspirés par elles. Pour nous, nous rejetons bien

loin toutes ces craintes et toutes ces répugnan-
ces, et, tout en admirant la science et ses découvertes, tout en applaudissant à ses recherches,
quand la présomption ou l'esprit d'incrédulité
n'en est pas le mobile, nous croyons qu'il est des
limites qu'elle ne saurait franchir, et que c'est
témérité à l'homme de prétendre trouver la dernière raison de toutes choses.

§ IV. — Transformisme brusque.

173. Quelques transformistes spiritualistes, re-
connaissant l'insuffisance des arguments apportés
en faveur de la transformation lente des espèces,
ont émis l'opinion que cette transformation s'est
faite par sauts brusques ; ils suppriment ainsi la
difficulté de trouver des intermédiaires entre les
espèces. Examinons si les motifs allégués en faveur de cette opinion sont de nature à entraîner
notre assentiment, et si, du moins sous cette
forme, le transformisme est acceptable.

I. Argument tiré des métamorphoses
des batraciens, des insectes et des parasites.

Les métamorphoses des batraciens, des insectes et des parasites sont, nous dit-on, les témoins

actuels des procédés suivis autrefois par la nature pour opérer la transformation des espèces. « Si la nature a trahi quelque part les procédés suivis dans les périodes géologiques, pour réadapter constamment les organismes à des conditions d'existence de plus en plus différenciées, à mesure que notre planète accomplissait son évolution progressive, c'est évidemment dans la métamorphose et le parasitisme..... De même que le têtard trahirait l'origine et raconterait l'évolution première des vertébrés, en passant de l'état de poisson et de salamandre à celui de batracien, précurseur des reptiles et des oiseaux... de même l'éphémère semble trahir l'origine de la classe des articulés, issue tout entière des vers aquatiques (1). »

Réponse. — M. Proost propose cet argument sous forme dubitative, et ce n'est pas sans raison. Que prouvent en effet toutes ces métamorphoses ? Elles prouvent que Dieu *aurait pu* autrefois transformer subitement une espèce animale en une autre toute dissemblable ; mais prou-

____

(1) M. Proost, dans la *Revue des questions scientifiques de Bruxelles*, juillet 1881, p. 122.

vent-elles qu'il a en effet opéré cette transformation? On conclut légitimement de l'existence
d'un fait à sa possibilité, mais la réciproque n'est
pas vraie.

Pour admettre ces changements brusques d'espèces, il faudrait des preuves positives ; or ces
preuves on ne les trouve, ni dans le présent, ni
dans le passé.

Toutes les métamorphoses que nous avons
actuellement sous les yeux, « sont les termes
intermédiaires d'un cycle qui se clôt finalement
à un instant précis, aussi rigoureusement que
dans le cas où le produit ressemble de suite et
pour toujours à ses parents (1), » en d'autres
termes, ces métamorphoses n'aboutissent jamais
pendant les temps actuels à des changements
d'espèces, et la seule conclusion que l'on en
puisse tirer pour le passé, c'est qu'il y a eu aussi
des métamorphoses contenues dans les limites de
l'espèce ou plutôt dans la forme du même individu ; aller plus loin et conclure à des passages
brusques d'une espèce à une autre, ce n'est plus
raisonner par induction et par analogie.

La paléontologie ne nous fournit de son côté
aucune preuve positive de ces changements

(1) Agassiz, *De l'Espèce*, p. 148.

brusques d'espèce ; elle nous apprend seulement qu'on ne trouve pas entre les espèces ces intermédiaires que supposerait une évolution lente et graduelle ; mais cette preuve, purement négative, n'a aucune valeur pour établir l'existence de transformations brusques, puisque c'est précisément pour combler cette lacune qu'on a inventé ces passages subits d'une espèce à une autre.

Voudrait-on alléguer, comme exemple et comme preuve de ces passages brusques, les métamorphoses que M. Barrande a constatées parmi les trilobites et qui, dit M. Gaudry (1), surpassent leurs différences spécifiques ; mais ces métamorphoses n'ont pas plus amené la transformation d'une espèce en une autre, que les métamorphoses dont nous sommes aujourd'hui témoins ; c'étaient les anneaux d'un cycle fermé. Si grande que fût la différence des formes successives des trilobites, elles ne différaient pas plus entre elles que la chenille ne diffère du papillon, et cette différence n'apporte aucune preuve nouvelle en faveur du transformisme.

(1) *Cosmos, Les Mondes*, t. 3°, p. 663.

II. Argument tiré de modifications subites constatées dans les végétaux et les animaux.

174. Ce qui a porté M. Naudin à admettre le transformisme brusque, c'est que, d'après ses propres expériences, il se produit quelquefois des modifications subites chez les plantes et même chez certains animaux, modifications qui se transmettent ensuite par hérédité.

Réponse. — « Nous ne le contestons pas, mais les modifications dont il parle n'ont jamais eu lieu qu'entre des races ou des variétés d'une même espèce. » « Il resterait à prouver, dit M. Contejean que le saut peut s'effectuer d'une espèce à l'autre, et ensuite qu'il existe des causes de variations continues, produisant successivement les espèces échelonnées dans un genre quelconque, puis dans un genre voisin, de manière à constituer, de proche en proche, une famille, une classe, un embranchement, le tout ayant pour point de départ un type unique (1). »

(1) M. l'abbé Hamard dans la *Controverse*, 1er juillet 1881, p. 56.

III. Argument tiré de tendances internes et de certaines lois intrinsèques et encore inconnues.

175. M. Mivart pour appuyer ce système emploie un mode d'argumentation qui ressemble de bien près aux appels à l'inconnu de Darwin : « *On pourrait alléguer,* dit-il, d'assez bonnes raisons en faveur de l'opinion qui affirme que de nouvelles espèces se sont de temps à autre manifestées avec soudaineté et par l'apparition subite de modifications aussi importantes, par exemple, que celles qui séparent l'hipparion du cheval, les espèces restant stables durant les intervalles. » (*Genesis of species.*) Et plus loin : « Y a-t-il quelque motif sérieux de penser qu'il se produit, pour la genèse de l'espèce, l'intervention d'une *force ou tendance interne* qui apporte son concours et son contrôle à l'action des conditions extérieures ? *Nous prétendons ici que ces motifs existent,* et quoique l'hérédité, la reversion, l'atavisme, la sélection naturelle, etc., jouent un rôle qui n'est pas sans importance, le pouvoir interne dont il s'agit, n'en est pas moins l'agent principal et peut-être déterminant (*Ibidem,* ch. 11). » « Dans l'hypothèse particulière

de Darwin, la manifestation de ces formes nouvelles est déterminée simplement par la survie
du sujet le plus apte d'un grand nombre de
variations indéfinies. Dans l'hypothèse pour laquelle nous plaidons, cette manifestation reçoit
bien le contrôle et le concours de cette même
survivance, mais elle dépend de *certaines lois
intrinsèques et encore inconnues* qui déterminent
les époques spéciales et la direction précise de la
variation (*Ibidem*, ch. 12) (1). »

Réponse. — Ainsi M. Mivart nous dit qu'il
pourrait alléguer d'assez bonnes raisons en faveur
de la manifestation soudaine de nouvelles espèces ; il prétend qu'il y a des motifs sérieux de
penser qu'il se produit pour la genèse de l'espèce
l'intervention d'une force ou tendance interne.....
Or quand on cherche *quelles sont ces bonnes raisons* qu'il pourrait alléguer ; *quels sont ces motifs
sérieux* qu'il prétend exister, on trouve que tout
cela se réduit à *certaines lois intrinsèques et encore inconnues*, dont il affirme l'existence. Si
ce sont là les bonnes raisons et les motifs sérieux
qui ont porté M. Mivart à admettre la transformation soudaine des espèces, il nous paraît se con-

(1) Cité par le R. P. Belon dans la *Controverse*, 1ᵉʳ avril 1882,
p. 430.

tenter de peu, et nous attendrons, pour nous ranger à son opinion, qu'il ait découvert ces lois encore inconnues, et qu'il en ait démontré l'existence, autrement que par une simple affirmation.

IV. Le transformisme brusque et le texte biblique.

En résumé cette opinion qui admet la transformation soudaine des espèces, n'a pas de fondement sérieux. Elle ne paraît d'ailleurs pas plus conciliable avec le texte biblique que l'opinion de ceux qui admettent une transformation lente et graduelle. Ce texte en effet nous montre la nature vivante tirée de la matière inerte. *Germinet terra herbam... Producant aquæ reptile animæ viventis... Producat terra animam viventem in genere suo,* et nullement d'espèces préexistantes.

Ajoutons que ce système, de même que le transformisme spiritualiste en général, n'aura jamais beaucoup de vogue, par la raison qu'il n'apprend pas à se passer de Dieu. Ce qui a déterminé l'espèce d'engouement dont le transformisme et spécialement le darwinisme ont été l'objet, c'est la prétention qu'ils avaient d'expliquer la création sans aucune intervention surnaturelle. Dès que le transformisme, quelque explication qu'il donne de l'origine des espèces, mettra Dieu à la base de son édifice, il deviendra indifférent pour presque tous : pour les impies qui n'y trouveront pas ce qu'ils cherchent, et pour ceux qui croient à l'inspiration des livres saints, parce qu'ils aimeront mieux s'en tenir au sens net et précis du texte biblique, que d'adopter une opinion si difficile à concilier avec ce texte et sujette d'ailleurs à tant de difficultés.

CHAPITRE III.

176. Il est dans la logique des transformistes athées et matérialistes de faire descendre l'homme d'une forme antérieure. Ils ont imaginé leur système, afin d'expliquer l'organisation du monde en dehors de l'action de Dieu ; ils ne veulent pas plus admettre cette action pour la création de l'homme que pour celle des autres êtres organisés ; ils n'hésitent donc pas à lui chercher des ancêtres parmi les animaux qui l'ont précédé sur la terre.

Mais si leur système est inacceptable pour les organismes inférieurs, comme nous l'avons démontré, le transformisme étendu à l'homme se trouve par là même réfuté, il n'a plus de base et nous pourrions nous dispenser de le combattre. Les preuves que nous avons apportées pour montrer que les espèces ne se sont pas transformées les unes dans les autres, sous l'action de forces inintelligentes et fatales, s'appliquent, à plus forte raison, à l'origine de l'homme. Si nous entreprenons de réfuter ceux qui prétendent nous donner pour ancêtres le singe, ou quelque autre forme animale que ce soit, c'est donc *ad abundantiam juris*, c'est pour apporter les raisons spéciales qui montrent quelle distance immense sépare l'homme des animaux et de quelle bassesse de sentiments sont animés ceux qui, plutôt que de voir dans l'homme une image de Dieu, selon la noble expression de Moïse, emploient toutes les ressources de leur esprit à chercher parmi les brutes l'origine de leur espèce. Nous insistons sur ce point, parce qu'il nous dispense d'entrer ici dans de longs détails, et qu'il importe de ne pas perdre de vue ce que nous avons établi précédemment.

Pour expliquer l'apparition de l'homme sur la terre sans l'intervention de Dieu, les transformistes sont dans la nécessité de nous dire d'où il est venu. Ils se sont donc mis en quête d'une généalogie, et ils ont dépensé plus d'activité et de soins pour établir leur descendance de la brute, que d'autres n'en mettent à rechercher leurs titres de noblesse. C'est ainsi qu'ils ont cherché à établir un lien de parenté non interrompu entre les races humaines les plus dégradées et les singes dont la conformation se rapproche le plus de celle l'homme. Peu satisfaits du résultat de leurs recherches, et trouvant bien trop grande la distance qui sépare l'homme de l'animal sans raison dans la nature actuellement vivante, ils ont fouillé le sol avec une activité fébrile, pour tâcher de découvrir, parmi les débris des anciens âges, le trait d'union qui les rattache à la brute, et les dispense de reconnaître Dieu pour leur créateur. Nous allons montrer l'inutilité de leurs efforts, et établir 1° qu'il y a une distance infranchissable entre l'homme et les animaux qui peuplent actuellement la terre, et 2° que les transformistes ne trouvent, pas plus dans le passé que dans le présent, l'intermédiaire qu'ils cherchent entre eux et l'animal sans raison.

SECTION Ire.

IL Y A UNE DISTANCE INFRANCHISSABLE ENTRE L'HOMME ET LES ANIMAUX QUI PEUPLENT ACTUELLEMENT LA TERRE.

177. Nous pouvons comparer l'homme et l'animal sous deux rapports différents : au point de vue de la structure corporelle, et au point de vue de l'intelligence. Cette double comparaison nous montrera quelle énorme distance les sépare l'un de l'autre.

ARTICLE I.

DISTANCE QUI SÉPARE L'HOMME DE LA BRUTE AU POINT DE VUE DE LA STRUCTURE CORPORELLE.

L'animal qui se rapproche le plus de l'homme par la conformation du corps, c'est le singe, et, parmi les singes, les plus voisins de notre espèce sont ceux que les transformistes se plaisent à désigner sous le nom de singes anthropoïdes ou anthropomorphes. On compte quatre genres de singes anthropoïdes : le gorille, le chimpanzé, l'orang et le gibbon, les deux premiers originaires de l'Afrique, et les deux autres de Sumatra et de Bornéo.

C'est donc entre ces singes et l'espèce humaine que doit se circonscrire le débat ; il est inutile de nous occuper des autres.

Reconnaissons tout d'abord que si l'on compare la structure générale du corps de l'homme et celle des singes, il y a entre eux une affinité incontestable. Ils sont pourvus des mêmes organes, ayant entre eux les mêmes rapports ; ils ont un appareil digestif, construit sur le même plan, accompagné des mêmes annexes. On peut en dire autant des appareils respiratoire et circulatoire, et du système nerveux ; on y retrouve les mêmes muscles, les

mêmes os, liés entre eux par des rapports identiques (1); c'est seulement dans les détails, dans
la conformation spéciale de ces organes, dans
le développement relatif des parties que les différences s'accusent.

Mais cette similitude générale des organes ne
rapproche pas l'homme seulement du singe, elle
est commune à tous les mammifères, et par conséquent elle ne prouve pas plus que l'homme
descend du singe, qu'elle ne prouve que les
mammifères descendent les uns des autres; elle
n'infirme en rien les preuves que nous avons
données de la non-transformation des espèces.
Elle montre seulement que Dieu a fait l'homme,
quant au physique, sur le même plan général que
les animaux supérieurs, et en cela il n'y a rien
qui doive nous étonner; l'homme étant le lien
qui rattache la créature au créateur, il devait
tenir de l'une et de l'autre; par son corps il se
rapproche de celle-là et par son âme il se rapproche de Dieu.

C'est donc dans les détails de l'organisation
qu'il nous faut chercher entre l'homme et le singe
une divergence nettement tranchée. Or cette divergence nous la trouvons : 1° dans l'attitude;

(1) Godron, *De l'Espèce*, 2° vol., p. 112.

2° dans la conformation des membres ; 3° dans la forme de la tête et le développement du cerveau ; 4° dans l'absence ou la présence de téguments propres à garantir le corps de l'intempérie des saisons.

§ I. — Attitude.

178. — L'attitude verticale est naturelle à l'homme, et lui seul de tous les animaux est fait pour se tenir debout. Toute son organisation a été admirablement combinée pour cela : c'est ce qui résulte de la conformation spéciale du squelette, de la force et de la disposition des muscles, du point d'insertion des organes mobiles qui permet de garder sans fatigue l'état d'équilibre dans la station verticale. Ainsi chez l'homme (1) :

La tête repose à peu près par le milieu de la face inférieure sur le sommet de la colonne vertébrale ; elle se trouve ainsi équilibrée dans sa position naturelle et n'a besoin pour se soutenir dans cette position, ni de muscles puissants, ni du ligament cervical, dont on trouve à peine des traces dans notre espèce.

(1) Nous empruntons, en les abrégeant, la plupart des détails anatomiques qui suivent à l'excellent ouvrage de M. Godron sur l'*Espèce*, 2ᵉ vol., p. 119 et suiv.

La colonne vertébrale , au lieu d'être droite, affecte des flexuosités alternativement de sens contraire, ce qui, en augmentant la force de cette partie centrale de la charpente osseuse, diminue d'autant les masses musculaires employées à maintenir la rectitude du corps.

Le mode d'insertion des fémurs dans les os du bassin, la forme et la solidité de cette partie du squelette, les masses musculaires considérables situées en arrière de cette articulation, ont pour but évident de maintenir en équilibre, dans la station verticale, les parties supérieures du corps et de les empêcher de se porter en avant.

On peut dire la même chose des muscles de la cuisse et de la jambe, et spécialement de la masse musculaire qui forme la saillie du mollet, et qui constitue un caractère propre à l'homme : tous ses muscles ont pour effet d'empêcher les articulations de la jambe et du pied de fléchir sous le poids du corps.

Le pied de l'homme est large ; la jambe y est fixée perpendiculairement ; le talon est renflé en dessous, et les os du tarse et du métatarse forment une voûte qui protège contre la compression les muscles de la plante du pied ; les orteils sont courts, et leurs mouvements sont très bornés ; le pouce, plus gros que les autres, est placé sur le même plan et ne leur est point opposable. Toutes ces dispositions montrent que le pied a été construit pour porter le poids du corps, et le maintenir dans la station verticale (1).

179. Chez les singes anthropomorphes l'organisation est toute différente; nous y retrouvons bien les mêmes organes que chez l'homme, mais singulièrement modifiés.

La tête est insérée sur la colonne vertébrale, non plus en son milieu, mais en arrière, et comme d'ailleurs les os de la partie inférieure de la face sont très développés, comme le cerveau au contraire est très petit, il en résulte que toute la masse se porte en avant, et que l'équilibre dans la station verticale n'existe pas; aussi ces animaux sont-ils pourvus d'un ligament cervical solide, et de muscles puissants qui soutiennent la tête dans une position oblique.

« Les masses musculaires de la région postérieure du bassin, et surtout les muscles du mollet, qui chez l'homme maintiennent la rectitude du corps, sont infiniment moins développées chez les quadrumanes. Leur bassin étroit et très oblique

(1) Cf. Godron, *De l'Espèce*, 2ᵉ vol., p. 119-122.

ne favorise pas l'équilibre, et leurs membres postérieurs sont peu propres à la station verticale.

« Si les orangs et les chimpanzés marchent quelquefois debout, ce qui provient peut-être en partie de cet instinct si remarquable qui les pousse à imiter les actions de l'homme, il est facile de reconnaître que ce genre de progression ne leur est pas naturel. En effet leur démarche est incertaine, ils vacillent et balancent leurs bras pour ne pas perdre l'équilibre, et de temps en temps ils sont contraints de toucher la terre avec leurs mains pour le rétablir. Du reste la rectitude de leur démarche n'est pas complète, et s'ils se dressaient à la manière de l'homme, ils tomberaient en arrière. La station verticale les fatigue et ne peut être prolongée ; ils éprouvent le besoin d'un troisième appui, et ils s'aident volontiers d'un bâton, qui leur permet de reprendre la station oblique qui leur est naturelle (1). »

Il en est de même pour le gorille que les darwinistes se plaisent à comparer à l'homme. Le voyageur du Chaillu, qui a pu observer ses mœurs dans l'Afrique équatoriale, dit avoir souvent remarqué que le gorille ne peut garder que très peu de temps l'attitude verticale.

(1) Godron, *De l'Espèce*, 2ᵉ vol., p. 124, 125.

19.

§ II. — Conformation des membres.

180. « L'homme, dit M. de Quatrefages, est essentiellement un animal *marcheur*, et marcheur sur ses membres de derrière ; tous les singes au contraire sont des animaux *grimpeurs*. Dans les deux groupes tout l'appareil locomoteur porte l'empreinte de ces destinations différentes (1). »

L'homme a les deux membres postérieurs seuls conformés pour la marche, et en cela il diffère à la fois des singes qui ont quatre mains, et des autres mammifères terrestres qui ont quatre pieds ; c'est de là que se tire la qualification de *bimane* et de *quadrumane*, employée par les naturalistes pour distinguer l'homme des singes.

En effet ce qui caractérise la main, c'est la longueur et la flexibilité des doigts, c'est la possibilité de leur opposer le pouce pour saisir et retenir fortement les objets.

Pour le pied, nous avons déjà vu en partie ce qui le caractérise, en montrant comment il est conformé pour favoriser l'attitude verticale ; mais ce qui le différencie de la main, c'est que le pouce n'y est pas opposable aux autres doigts. Cela ré-

____

(1) De Quatrefages, *Rapport sur les progrès de l'anthropologie*, p. 244, 1867.

sulte de la disposition du *ligament transverse* qui
au pied réunit les cinq extrémités des métatarses,
tandis qu'à la main il ne réunit que quatre méta-
carpes et laisse le pouce libre.

181. Or, chez les singes, et spécialement chez
les singes anthropoïdes, les membres postérieurs,
aussi bien que les membres antérieurs, sont pourvus de mains, c'est-à-dire, d'organes propres à
saisir les objets, constitués par des doigts flexibles
et par un pouce opposable aux doigts. « Mais ces
mains sont moins parfaites que celles de l'homme,
d'abord en raison de la brièveté du pouce qui par
ce motif est moins opposable aux autres doigts ;
et de plus, parce que ceux-ci n'ont que des mouvements d'ensemble, et ne sont pas dans leur action indépendants les uns des autres, comme
dans l'espèce humaine (1). »

Une autre différence qui se remarque entre les
membres de l'homme et ceux des singes, c'est
que ceux-ci ont les membres antérieurs démesurément longs. Chez l'orang-outang et les gib-
bons, ils descendent jusqu'aux malléoles (chevilles

(1) Godron, *De l'Espèce*, p. 124.

du pied), chez le chimpanzé et le gorille, jusqu'au-dessous du genou.

C'est cette disposition, jointe à la faculté qu'ils
ont de saisir les objets de leurs quatre mains,
qui fait des singes des animaux essentiellement
grimpeurs. Aussi passent-ils presque toute leur
vie sur les arbres, où ils s'élancent d'une branche
à l'autre avec une vivacité et une adresse remarquables ; c'est là qu'ils prennent leur gîte et ce
sont les fruits des arbres qui leur servent de
nourriture.

Il y a donc, sous le rapport de la conformation
et de la destination des membres la différence la
plus nettement tranchée entre l'homme et le
singe.

§ III. — Forme de la tête et développement du cerveau.

182. La face de l'homme est verticale chez la
race caucasienne, et si elle est un peu oblique chez
les autres races, surtout chez la race nègre qui a
le front fuyant, elle l'est très notablement moins
que chez les singes, dont le front est très bas et
rejeté en arrière. Cette conformation peut s'apprécier par l'angle facial (1), qui pour l'homme est

(1) On appelle angle facial, l'angle formé par deux plans, dont

compris entre 70° et 85°, tandis que chez les singes anthropoïdes il ne dépasse pas 40°, excepté cependant chez le gibbon, où il peut atteindre 60° ; mais c'est précisément celui de tous ces singes qui diffère le plus de l'homme sous les autres rapports. De cette conformation il résulte que la face des singes s'allonge plus ou moins en forme de museau, ce qui leur donne les traits caractéristiques de la bête.

Le système dentaire des singes anthropoïdes est le même que celui de l'homme, sauf cette différence remarquable que, bien qu'ils soient frugivores, ils ont les canines beaucoup plus longues que les autres dents et semblables aux défenses des animaux carnassiers.

183. Dans un ouvrage intitulé : *les Formes du crâne de l'homme et des singes,* Aeby, savant anatomiste de Berne, a comparé sous tous les rapports possibles les crânes de toutes les races humaines et les crânes, non seulement des singes,

l'un s'appuie sur le front et sur la partie inférieure du nez, et l'autre passe par ce dernier point et les deux conduits auditifs externes.

mais encore des mammifères qui leur sont inférieurs. De centaines et de milliers de mesures
qu'il a prises pour établir cette comparaison, il
conclut que les rapprochements que l'on a prétendu trouver entre l'homme et le singe, en ce
qui concerne le crâne, sont complètement faux :
« Il résulte de l'ensemble des comparaisons, dit-
il, que la différence totale de l'homme au singe
le plus proche est plus considérable que celle qui
sépare les singes les uns des autres ; et par conséquent, nous n'hésitons pas un instant à son-
tenir que le type humain du crâne se distingue
de la manière la plus nette possible du type simien, et que nommément les soi-disant anthropomorphes *se rattachent, sous tout rapport, d'une
manière incomparablement plus étroite à leurs
alliés naturels et même aux mammifères inférieurs
qu'à l'homme* (1). »

« Le volume du cerveau humain est, relativement à la masse du corps, beaucoup plus considérable que celui des autres animaux, des
mammifères du moins ; il est environ trois fois
celui des anthropoïdes. Sans nier absolument ce
fait, Huxley prétend qu'une différence cérébrale,
au moins aussi considérable, existe entre certai-

---

(1) Cité par M. l'abbé Lecomte. *Le Darwinisme*, p. 240.

nes races d'hommes. Un célèbre transformiste
allemand, M. Schaafhausen, s'est chargé de répondre pour nous à cette difficulté : « L'assertion
de Huxley, dit-il, que les hommes, même pour
le volume du cerveau, diffèrent entre eux plus
que des singes, est erronée. En effet, elle repose
sur l'emploi arbitraire de mesures de crânes très
rares et très douteuses, tandis qu'ici la décision
ne dépend que des valeurs ordinaires ou moyen-
nes. Le cerveau de l'Australien dépasse en volume deux ou trois fois celui du gorille, tandis
que le cerveau d'un Européen bien développé
ne surpasse que d'un cinquième celui du premier (1). »

184. Le cerveau humain ne diffère pas seulement par le volume de celui des singes anthropoïdes, il en diffère aussi par les circonvolutions,
qui sont beaucoup plus nombreuses et plus profondes que celles du cerveau de ces animaux ;
mais ce qui est surtout digne de remarque, et
ce qui est en contradiction avec les théories
darwinistes, c'est que ces circonvolutions se développent en sens inverse. Celles qui apparaissent les premières chez l'homme apparaissent

(1) M. l'abbé Hamard, dans les *Questions scientifiques de Bruxelles*, juillet 1878, p. 179.

les dernières chez le singe. C'est Gratiolet qui a signalé le premier cette particularité. « Les plis dans le cerveau des singes, dit-il, apparaissent d'abord sur les lobes inférieurs, et en dernier lieu sur les lobes frontaux. Dans l'homme l'inverse a lieu : les plis frontaux apparaissent les premiers, les plis inférieurs sont les derniers. Il en résulte des différences perpétuelles pendant la vie fœtale, et l'homme à cet égard se présente comme une irrésoluble exception (1). »

De là on peut tirer cette conclusion, que le cerveau de l'homme n'est pas un perfectionnement de celui du singe, comme l'exigeraient les principes du darwinisme ; car, s'il en était ainsi, le cerveau du singe ne différerait du cerveau humain que par un moindre développement, mais tous les deux devraient passer par les mêmes phases initiales, ce qui est contraire aux faits. Les darwinistes n'ont pas répondu à cette difficulté ; ils trouvent plus commode de la passer sous silence, par l'excellente raison qu'ils ne peuvent la résoudre.

(1) Gratiolet, *Revue des cours scientifiques*, t. I, p. 191.

§ IV. — Absence chez l'homme de téguments
de la peau.

185. Non seulement les singes, mais presque tous les mammifères ont le corps couvert de poils destinés à les protéger contre l'intempérie des saisons, et il est à remarquer que la partie de leur corps, où ils sont le plus abondants, c'est le dos ; sous le ventre ils sont clair-semés et manquent quelquefois presque entièrement.

L'homme a le corps nu, à l'exception de la tête, et si quelques rares poils se montrent çà et là, c'est sur la poitrine ou sur les membres ; la région dorsale en est complètement dépourvue ; c'est donc tout l'opposé de ce que nous voyons chez les animaux.

Or ceci, non seulement constitue une différence nettement tranchée entre l'homme et le singe, mais encore est inexplicable pour les darwinistes. En effet, au point de vue purement physique, l'absence de poils pour protéger le corps contre le froid et la pluie constitue l'homme, relativement aux singes, dans un état d'infériorité qui ne peut s'expliquer par la sélection naturelle.

D'après Darwin toute modification utile assure la supériorité de l'individu qui la possède et la durée de sa race. Au contraire une modification désavantageuse est une condamnation à mort, sinon de l'individu, du moins de ses descendants. Or une race de singes qui aurait perdu ses poils, se serait trouvée dans ce cas ; elle aurait eu le dessous dans la lutte pour la vie, et aurait été condamnée à disparaître. Elle n'aurait donc pas pu être la souche d'une espèce plus parfaite, telle qu'est l'espèce humaine.

186. 1re *Objection*. Et qu'on ne dise pas que ces poils ont disparu, parce qu'ils sont devenus inutiles.

Réponse. S'ils ont pu devenir inutiles pour quelques espèces de singes, c'est bien pour les singes de l'époque actuelle, qui vivent tous sous les climats les plus chauds du globe, et qui cependant ont conservé et conservent leur pelage. D'un autre côté, une chaude fourrure serait-elle inutile aux hommes qui habitent les climats glacés des régions circompolaires? Ils en sont pour-

tant tout aussi dépourvus que les habitants des
régions équatoriales. Comment, s'ils descendent
de singes poilus, l'atavisme, cette autre ressource
de Darwin, ne leur a-t-il pas rendu la fourrure de
leurs ancêtres, et les laisse-t-il lutter nus contre
la rigueur du froid, tandis que la nature revêt
d'une fourrure chaude et abondante tous les animaux qui habitent les mêmes climats ?

187. 2ᵉ *Objection*. On objectera peut-être encore
que ce sont les vêtements dont il fait usage, qui
ont rendu inutile, pour l'homme et qui ont fait
disparaître son tégument pileux.

Réponse. A ce compte les peuples civilisés qui
ont habituellement la tête couverte, devraient
depuis longtemps n'avoir plus trace de cheveux.

D'autre part, ne prend-on pas ici l'effet pour
la cause ? Est-ce, parce que l'homme a pris des
vêtements, que ses poils ont disparu ? N'est-ce
pas au contraire, parce qu'il n'avait pas ce vêtement naturel pour se défendre de l'intempérie de
l'air, qu'il s'en est fait un artificiel ? Aurait-il

pensé à suppléer à l'absence de vêtements, s'il en avait été couvert?

188. Ainsi donc, de toutes les comparaisons que nous avons faites dans cet article entre le corps de l'homme et celui du singe, nous avons le droit de conclure qu'il y a la différence la plus nette et la plus tranchée entre la structure de l'un et celle de l'autre. Nous ne pouvons mieux résumer ce qui précède, qu'en citant ces paroles d'Aeby : « Si nous examinons ainsi le singe et l'homme, nous voyons sans doute que le plan fondamental leur est commun avec tous les vertébrés, mais aussi que sur ce plan des édifices complètement différents ont été élevés. Leur conformation ne concorde, en effet, que rarement, même en un point isolé; le plus souvent l'accord n'est qu'apparent. *Il ne se trouve pas dans toute la série des mammifères un vide qui puisse se comparer, ne fût-ce que de loin, avec celui qui sépare le singe de l'homme.* »

ARTICLE II.

DISTANCE QUI SÉPARE L'HOMME DE LA BRUTE AU POINT
DE VUE DE L'INTELLIGENCE.

189. S'il y a une différence profonde entre l'homme et les singes anthropoïdes, quand on compare leurs organes corporels, cette différence est bien plus grande encore, quand on considère leurs facultés intellectuelles ; c'est là surtout que l'homme se distingue de la bête, et on peut dire qu'à ce point de vue, il y a un abîme qui les sépare. Avant d'entreprendre de le démontrer, il est bon de faire quelques observations.

Observations préliminaires.

1° Nous ne prétendrons pas qu'il n'y ait absolument rien de commun, sous le rapport de l'intelligence entre l'homme et l'animal ; nous n'aurons pas de peine à reconnaître qu'il y a entre eux quelques traits de ressemblance ; mais nous ne devons pas en éprouver plus de surprise que nous n'en avons éprouvé en constatant que le même plan général avait présidé à la formation du corps de l'homme et du corps des mammi-

fères. Ces traits communs sont là pour nous dire
que le même architecte a bâti ces divers édifices;
ils nous montrent l'harmonie qui règne entre
ses œuvres; mais ils sont d'ailleurs assez éloignés pour exclure la transformation des espèces
en général, et surtout pour exclure toute idée de
descendance entre l'homme et la brute.

190. 2° Quand nous avons voulu comparer les
organes corporels de l'homme avec ceux du singe,
nous n'avons pas rencontré de difficulté sérieuse;
nous étions en présence d'objets visibles et tan-
gibles, nous pouvions apprécier directement et
sans peine en quoi ils se ressemblaient et en quoi
ils différaient. Il n'en sera pas de même, quand
nous voudrons comparer nos facultés intellectuelles
avec celles des animaux. Ici l'un des termes nous
est connu, soit par le témoignage du sens intime
qui nous permet de lire dans notre âme, soit par
les relations que le langage établit entre nous et
nos semblables; mais l'autre terme échappe à
notre connaissance; notre regard ne peut pas
voir directement si l'animal possède des facultés
semblables aux nôtres, et, comme il est privé de
langage, nous ne pouvons pas l'interroger et juger par ses réponses s'il est doué de quelque degré

d'intelligence. Une difficulté considérable se dresse donc devant nous ; ce sera seulement d'une manière indirecte que nous pourrons arriver à connaître les facultés internes de l'animal, en observant ses actes, en cherchant quel peut en être le mobile, et quelle relation ils supposent avec telle ou telle faculté intellectuelle. Malgré cette difficulté nous pourrons néanmoins atteindre notre but, et montrer qu'une distance infranchissable sépare l'intelligence de l'homme de l'intelligence des animaux.

191. 3° Il ne faut pas accepter comme authentique tout ce qu'on a raconté de l'intelligence des animaux en général, et en particulier des singes ; il faut auparavant soumettre ces prétendus signes d'intelligence à un sévère contrôle. « On ne saurait trop se défier, dit M. Paul Gervais, de la facilité avec laquelle certains observateurs superficiels ont accordé à beaucoup d'animaux des sentiments et des raisonnements qui n'existent le plus souvent que dans l'esprit de ceux qui en ont parlé. Dans d'autres cas, les anciens voyageurs ont abusé de la confiance que leurs contemporains avaient en eux, et disons-le, autrefois comme de nos jours, le goût du public

pour tout ce qui est exagéré, ou même dû à la seule imagination des écrivains, a trop souvent engagé quelques-uns de ceux-ci à publier comme des vérités une foule de prétendues observations qui ne sont en réalité que des contes imaginés à plaisir. Aussi faut-il apporter un soin extrême dans le choix qu'on fait parmi les détails publiés au sujet des animaux. » Frédéric Cuvier, spécialement compétent en pareille matière, a dit de son côté : « Lorsqu'il est question des phénomènes qui doivent établir la dernière limite entre l'intelligence de la brute et l'intelligence de l'homme, on ne doit donner comme certain que ce que l'on a vu, que ce que l'on a observé soi-même. » Le voyageur du Chaillu s'exprime dans le même sens, en parlant du gorille, dont il a pu étudier les mœurs de près dans les forêts de l'Afrique équatoriale (1). « Je regrette, dit-il, d'être obligé de détruire d'agréables illusions, mais le gorille ne s'embusque pas sur les arbres de la route pour saisir avec ses griffes le voyageur sans défiance ; il ne l'étouffe pas avec ses pieds comme dans un étau ; il n'attaque pas l'éléphant et ne l'assomme pas à coups de bâton ; il n'enlève pas les femmes dans leurs villages ; il ne se bâtit pas une cabane

____

(1) *Voyage et aventures dans l'Afrique équatoriale*, p. 22.

de branchages dans les forêts, et ne se couche pas sous un toit, comme on l'a rapporté avec tant d'assurance ; il ne marche pas non plus par troupes, et dans ce que l'on a rapporté de ses attaques en masse, il n'y a pas l'ombre de la vérité (1). »

192. 4° Nous ne voulons pas faire ici un traité de psychologie et analyser jusque dans leurs détails les diverses facultés de l'âme, pour voir si nous les retrouvons dans les animaux ; nous prendrons seulement les points les plus saillants et les plus propres à nous éclairer dans la comparaison que nous voulons faire.

193. Les facultés que nous allons considérer sont : la perception des sens, la conscience, la mémoire, la raison et l'instinct.

§ I. — La perception des sens.

Il est incontestable que les animaux, si l'on excepte ceux des classes tout à fait inférieures,

______

(1) Ces citations sont extraites d'un article de M. l'abbé Hamard dans les *Questions scientifiques de Bruxelles*, juillet 1878, p. 217 et 220.

partagent avec l'homme la faculté de percevoir les objets qui les entourent. Ils sont pourvus comme nous des organes des sens, et il serait ridicule de supposer que ces organes ne remplissent pas pour eux les mêmes fonctions qu'ils remplissent pour nous. Nous voyons d'ailleurs à chaque instant que les objets extérieurs sont les causes qui les déterminent à agir. On peut donc dire que les animaux, à l'aide des sens, parviennent à la connaissance des objets matériels, qu'ils en ont l'idée sensible et que cette idée les guide dans leurs actes.

§ II. — La conscience.

194. La conscience est cette faculté par laquelle l'âme se connaît elle-même, et perçoit les phénomènes dont elle est le siège. Les animaux jouissent-ils de cette faculté? Ont-ils au moins le sens intime de leur existence? C'est là un phénomène purement interne, et qui ne se manifeste par aucun acte extérieur ; on ne peut donc rien affirmer sous ce rapport. Quelques animaux, il est vrai, semblent capables d'une certaine réflexion. Le chien, par exemple, qui convoite un aliment, mais qui en même temps craint le fouet dont il est menacé, hésite et s'abstient. Cette espèce de délibéra-

tion suppose qu'il fait une comparaison entre le plaisir qu'il aurait de manger et la douleur que lui causerait le châtiment. Il y a là une sorte de réflexion, mais cette réflexion s'applique à des objets extérieurs et sensibles ; ce n'est pas ce que l'on entend par conscience, et on ne peut pas conclure de l'une à l'autre.

§ III. — La mémoire.

195. La mémoire existe chez les animaux : le chien reconnaît son maître, même après une longue absence ; il se souvient des caresses qu'il a reçues, des châtiments qui lui ont été infligés. Le cheval reconnaît le chemin qu'il a parcouru, et il le suit sans être guidé par la main de son cavalier. Chez l'animal toutefois nous ne voyons la mémoire appliquée qu'à des objets sensibles, et aucun fait ne vient prouver qu'elle peut s'appliquer à des objets immatériels.

§ IV. — La raison.

196. La raison est cette faculté qui nous permet de nous élever au-dessus des choses matérielles et visibles, de concevoir des idées abs-

traites et générales, telles que l'idée de causalité, d'espace, de temps, d'infini, l'idée du vrai, du bien, du beau, de comparer ces idées ensemble par le jugement, de passer du connu à l'inconnu par le raisonnement, de grouper et de classer nos connaissances isolées pour en constituer les sciences, de communiquer nos pensées, nos jugements et nos raisonnements à nos semblables à l'aide du langage.

Ici encore nous ne pouvons pas constater directement l'absence ou la présence de cette faculté dans les animaux, puisque nous ne pouvons pas voir ce qui se passe en eux; mais la raison est une faculté active, qui doit se traduire au dehors par des actes; si donc les animaux en sont doués, ils doivent faire des actes raisonnables, et, en remontant de l'effet à la cause, nous pourrons découvrir s'il est quelque chose en eux qui s'approche de la raison humaine, et qui puisse servir de trait d'union entre l'homme et les animaux.

I. Les idées abstraites et générales existent-elles chez les animaux ?

197. *Idée d'immatérialité.* — Y a-t-il quelque indice qui puisse nous montrer dans l'animal l'idée de *l'immatérialité?* Parmi les animaux, même dans les classes supérieures, y en aurait-il qui fussent capables de s'élever au-dessus des choses matérielles et de concevoir l'existence d'un être spirituel? Il n'est personne, ce semble, qui ne réponde immédiatement à cette question par la négative, et en effet aucune raison ne permet de conjecturer l'existence d'une pareille conception chez les animaux.

Nous nous trompons cependant; Darwin se croit en droit d'attribuer cette faculté au chien, et il se fonde pour cela sur l'observation suivante : il a remarqué un chien aboyant après un parasol agité par le vent, et, de ce simple fait, il conclut que ce chien croyait qu'un esprit agitait ce parasol. Voici sur quoi Darwin s'appuie pour tirer cette conclusion : « Il doit, je pense, s'être dit à lui-même, par un raisonnement rapide et inconscient, qu'un mouvement sans aucune cause apparente indiquait la présence de quelque agent vivant inconnu (1). » Il est facile de voir que cette assertion de Darwin n'est autre chose qu'une pure hypothèse, qui n'a de réalité que dans son imagination. Son chien est effrayé d'un bruit insolite, et il aboie. C'est l'instinct qui porte les chiens à aboyer, quand ils entendent quelque

_____

(1) Lecomte, *Darwinisme*, p. 329.

bruit inaccoutumé, et il est puéril d'invoquer, pour expliquer ce fait naturel, une cause aussi éloignée que la croyance aux esprits.

Ce fait, bien loin de prouver qu'un chien est capable de s'élever à la pensée d'un être immatériel, montre qu'il n'est pas même capable de lier et de comparer entre eux deux faits sensibles, pour reconnaître que l'un est la cause de l'autre.

En effet le vent est un phénomène physique, perceptible par le sens du toucher et par le sens de l'ouïe, s'il ne l'est pas par le sens de la vue. Le chien de Darwin devait être familiarisé avec ce phénomène qui se reproduit si souvent. Dans la circonstance même dont il s'agit, il devait sentir la pression du vent, en même temps qu'il voyait le mouvement du parasol ; il lui était donc bien facile de comparer ces deux phénomènes, et de comprendre que le vent, qui le poussait lui-même, pouvait aussi agiter cet objet ; néanmoins il n'est pas assez intelligent pour rapporter, même dans le cas si simple, un effet à la cause.

198. *Idée de causalité.* — Est-ce à dire, puisque le chien de Darwin nous amène sur ce sujet,

que les animaux ne soient jamais capables de prévoir *un effet*, quand ils en voient poser la *cause?* Non, l'expérience montre le contraire. Le chien s'enfuit, quand il voit son maitre s'armer du fouet, parce qu'il prévoit le sort qui l'attend. On pourrait citer bien d'autres exemples du même genre.

Quoique la plupart de ces actes de prévoyance puissent être attribués chez les animaux à l'instinct de la conservation, on peut néanmoins admettre que, dans *un cas particulier*, et dans *les choses qu'ils peuvent connaitre par la perception des sens*, il leur est possible, jusqu'à un certain point, de prévoir un effet, quand ils en voient poser la cause; mais cela ne prouve pas qu'ils puissent s'élever jusqu'à *l'idée générale* de causalité et que leur prévoyance puisse s'étendre au delà des choses sensibles, au delà de la satisfaction de leurs appétits et de la fuite du danger.

199. *Idée de temps, d'espace, d'infini, de vrai, de bien et de beau.* — Pour les idées abstraites et générales de temps, d'espace, d'infini, de vrai, de bien et de beau, personne, que nous sachions, ne s'est avisé de les attribuer aux animaux,

même les mieux doués. En tous les cas, ce serait
aux transformistes de citer des faits authentiques,
des actes provenant d'un animal et supposant
chez lui la présence de ces sortes d'idées. L'idée
du beau, elle-même, qui peut trouver sa réalisa-
tion dans les choses sensibles, ne fait vibrer aucune fibre dans l'animal. Mettez l'animal le plus
intelligent, le chien par exemple, en présence
des plus beaux monuments de l'architecture, des
chefs-d'œuvre de l'art les plus remarquables ; il
passera indifférent et inattentif. Introduisez-le
dans un parterre orné de fleurs aux formes les
plus gracieuses, aux couleurs les plus vives et les
plus brillantes, il bouleversera tout pour aller
chercher un os à ronger qu'il aura découvert au
milieu d'elles, sans plus s'en soucier que le coq
de La Fontaine ne se souciait de la perle :

> Mais le moindre grain de mil
> Serait bien mieux mon affaire.

Ce que l'on peut dire de la beauté des formes,
on peut le dire de l'harmonie des sons. Ils n'éveil-
lent aucun sentiment de plaisir chez l'animal ;
faites entendre un morceau de musique à un
chien, s'il y donne quelque attention, ce sera
pour manifester sa crainte par ses aboiements et
pour s'enfuir ou se cacher. Les anciens qui ont

imaginé la fable d'Orphée, apprivoisant les bêtes féroces avec sa lyre, n'avaient pas observé de bien près l'effet de la musique sur les bêtes.

200. *Les animaux sont-ils capables de jugement et de raisonnement?* — Les animaux sont-ils capables de comparer ensemble deux idées et de porter un *jugement* sur elles ? En parlant précédemment de la conscience, de la mémoire, de l'idée de causalité, nous avons cité quelques faits qui semblent indiquer que l'animal n'est pas totalement dépourvu de cette faculté. Ainsi il semble juger que telle action qu'il veut faire, lui attirera un châtiment, que telle autre au contraire sera récompensée. Mais outre que ces sortes de faits peuvent s'expliquer généralement par la mémoire qui met en présence deux idées sensibles, et par l'instinct qui avertit l'animal que l'une sera la conséquence de l'autre, ces jugements ne portent que sur des choses sensibles et matérielles, et ne sauraient atteindre un ordre d'idées plus élevé.

Pour le *raisonnement* qui permet de tirer les conséquences d'un principe, de s'élever du connu à l'inconnu, du visible à l'invisible, les animaux en sont incapables, parce qu'ils sont incapables de concevoir les idées générales et abstraites qui sont nécessaires pour raisonner. On ne saurait

citer de faits qui supposent chez eux un raisonnement proprement dit.

201. Ainsi, en résumé, tout ce que nous
sommes parvenus à découvrir chez les animaux, en
cherchant à analyser leurs actes, c'est qu'ils sont
pourvus de quelques facultés intellectuelles rudimentaires qui ne s'élèvent pas au-dessus des choses
sensibles. Toutefois cette étude ne nous montre
pas aussi clairement qu'on pourrait le désirer
la grande différence qui existe entre l'intelligence
de l'homme et celle des animaux, parce que nous
ne pouvons pas étudier directement les facultés
internes de ceux-ci et mesurer leur étendue ; mais,
comme nous l'avons déjà fait remarquer, la
raison doit se manifester au dehors par des
effets, et, si elle existe chez les animaux, comme
elle existe chez l'homme, si elle y existe à un
degré tel qu'on puisse sous ce rapport établir une
comparaison entre eux et l'homme, nous devrons
le reconnaître par ces signes extérieurs et sensibles.

II. La raison se manifeste-t-elle chez les animaux par quelque signe extérieur.

202. Nous pouvons distinguer trois manifestations particulièrement remarquables de la raison, qui montrent de la manière la plus nette la supériorité de l'homme sur les animaux et la distance incommensurable qui les sépare : ce sont, le langage artificiel ; le progrès considéré, soit dans l'individu, soit dans la société ; l'asservissement des animaux et des éléments par l'homme.

203. 1° LANGAGE. — Il faut distinguer deux sortes de langages, le langage naturel et le langage artificiel ou acquis.

Le premier consiste en simples émissions de voix, en cris, en gestes, en attitudes, en regards, en mouvements du visage. Ce langage est commun à l'homme et aux animaux ; chez ceux-ci toutefois il se réduit à un très petit nombre de signes propres à manifester un simple sentiment, un désir, un appel, mais tout à fait impuissants à exprimer des idées générales, abstraites ou immatérielles, des idées complexes comme l'énoncé d'un jugement ou d'un raisonnement.

Le langage artificiel est formé de sons articulés dont la signification est conventionnelle et qui, diversement combinés entre eux, peuvent exprimer les idées les plus inaccessibles à nos sens, aussi bien que les idées de choses sensibles : les idées les plus complexes, aussi bien que les idées les plus simples. Cette espèce de langage est l'attribut exclusif de l'humanité. Il n'y a point de peuplade, si sauvage et si séparée du reste des hommes, qui ne possède ce langage dans tout ce qu'il a d'essentiel, et il n'y a point d'animal, si intelligent et si rapproché de l'homme qu'on le suppose, sous d'autres rapports, qui soit capable de le parler et même de le comprendre. Il y a donc à cet égard, et indépendamment des conséquences que nous allons en tirer, une ligne de démarcation parfaitement tranchée entre l'homme et l'animal, et nous pouvons, sous ce rapport, attendre en toute sécurité que les transformistes aient trouvé un intermédiaire entre l'un et l'autre.

204. Avant d'aller plus loin, répondons de

suite à deux difficultés que l'on pourrait être
tenté de faire pour contredire ce que nous venons d'affirmer. Le perroquet, dira-t-on, peut
parler le langage articulé, et le chien peut le
comprendre.

Le perroquet peut, il est vrai, répéter quelques phrases qu'on lui a apprises; mais ces
phrases n'ont pour lui aucune signification; il
les répète à tort et à travers, et elles ne sont
pas plus pour lui un langage que ne le seraient
des mots que l'on réussirait à faire prononcer
par une machine. D'ailleurs cet animal est trop
éloigné de l'homme par tout le reste de son organisation, pour qu'il vienne à la pensée de
personne de le présenter comme un intermédiaire
entre l'homme et la bête.

Pour le chien et quelques autres animaux,
s'ils paraissent dans certaines circonstances
comprendre le langage artificiel, ce n'est pas
qu'ils comprennent le sens de la phrase, même
la plus simple; mais c'est qu'un groupe de sons
peut devenir pour eux, à l'aide de la mémoire, le
signe d'une action à exécuter, l'annonce d'un
châtiment, l'invitation à prendre de la nourriture. Dans ce cas ce groupe de sons équivaut

pour eux à un signe unique qui réveille dans leur mémoire le souvenir d'une chose sensible.

205. Comme nous venons de le dire, si le langage acquis est exclusivement propre à l'homme, nous pouvons en conclure que lui seul possède la raison ; ces deux choses sont tellement liées ensemble que de l'absence de l'une on peut conclure à l'absence de l'autre. En effet, le langage est pour la raison ce que l'œil est pour le sens de la vue, ce que l'oreille est pour le sens de l'ouïe : c'est l'instrument à l'aide duquel elle s'exerce ; et comme nous pouvons affirmer que la vue et l'ouïe n'existent pas, là où les yeux et les oreilles manquent, de même nous pouvons dire que là où le langage artificiel fait défaut, la raison est absente (1). Sans doute on peut concevoir l'existence de la raison indépendamment du langage, on peut concevoir un être possédant des idées générales et abstraites qu'il ne peut exprimer, portant un jugement, raisonnant même, sans le secours du langage acquis ;

(1) Évidemment ici on fait abstraction des purs esprits qui peuvent entrer en communication de pensées les uns avec les autres sans l'aide du langage et par des moyens à nous inconnus.

mais l'expérience montre que, dans ces conditions, la raison, même dans ceux qui la possèdent incontestablement et chez lesquels elle est
susceptible de se développer à l'aide d'un langage conventionnel quelconque, reste à l'état
rudimentaire et demeure pour ainsi dire emmail-
lotée dans les langes d'une perpétuelle enfance.
De ce que les animaux n'ont pas de langage
articulé, nous pouvons donc conclure qu'ils n'ont
pas la raison, qu'ils peuvent tout au plus avoir
quelques lueurs d'intelligence.

206. D'un autre côté, si un animal possédait
la raison, on peut dire qu'il arriverait à parler,
non pas en articulant des sons, si ses organes
en étaient incapables, mais du moins à parler le
langage des signes. Il arriverait plus facilement
encore à comprendre notre langage, et, sous ce
rapport, il serait dans des conditions plus favorables qu'un sourd-muet qui est privé du sens de
l'ouïe (1).

Et en effet un être raisonnable dont la pensée
pourrait s'élever au-dessus du sensible et du maté-
riel, qui serait capable de saisir la vérité, d'apprécier le bien, d'acquérir de nouvelles connaissances

(1) Cf. M. l'abbé Hamard, *Questions scientifiques de Bruxelles*,
juillet 1878, p. 298.

par le raisonnement et par la communication des idées d'autrui, serait invinciblement porté à échanger ses pensées avec celles d'autres êtres raisonnables comme lui. C'est la raison qui met dans l'homme le désir irrésistible de communiquer ses connaissances et de s'enrichir de celles d'autrui. Les mêmes causes doivent produire les mêmes effets; c'est pourquoi un animal raisonnable ne pourrait rester dans l'isolement de ses propres pensées, il inventerait des signes pour se faire comprendre, il chercherait à comprendre luimême le langage des autres, et sa raison lui en fournirait les moyens. Or, l'expérience montrant que les animaux, même les plus rapprochés de nous par leur organisation, sont incapables d'échanger leurs pensées avec les nôtres, nous sommes donc, encore à ce point de vue, en droit d'affirmer qu'ils sont dépourvus de raison.

207. 2° PROGRÈS. — Les transformistes parlent beaucoup de progrès ; ils en voient partout ; ils ont découvert une prétendue loi du progrès, et c'est en vertu de cette loi que s'opère, d'après eux, le passage d'une espèce à une autre. Le progrès existe, mais ce n'est ni une loi

absolue (1), ni une loi universelle; c'est, comme le langage acquis, un attribut exclusivement propre à l'humanité. Pour bien nous fixer sur ce point, examinons successivement si, et jusqu'à quel point, les individus pris isolément et l'espèce prise dans son ensemble sont susceptibles de progrès. Nous chercherons ensuite quelle est la cause qui fait progresser les uns et qui maintient les autres dans un état stationnaire.

208. A — *Progrès dans l'individu.* — L'homme pris individuellement est capable de progrès; nous voyons sa raison se développer avec l'âge et l'éducation, le champ de ses connaissances s'agrandir, son aptitude dans les arts s'accroître par l'exercice. Il est inutile d'insister sur un fait aussi incontestable.

En est-il ainsi de l'animal? L'animal *laissé à lui-même,* loin de l'influence de l'homme, ne progresse pas. Sa force et quelques autres qualités

(1) Nous aurons occasion de montrer ailleurs que le progrès n'est pas, même pour l'humanité, une loi nécessaire et que l'homme, dans des circonstances données et pour des causes faciles à concevoir, peut dégénérer et passer d'un état plus parfait à un état moins parfait. Ce n'est pas ici le lieu d'insister sur ce point, mais il est bon, dès à présent, de faire cette réserve.

physiques s'accroissent avec l'âge ; mais, sous les autres rapports, il reste stationnaire, tel on le voit dans l'enfance, tel on le retrouve dans l'âge adulte ; tout au plus quelques animaux plus favorisés acquièrent-ils quelque expérience dans les choses matérielles et sensibles, à l'aide de la mémoire dont ils sont doués.

Sous l'influence de l'homme, plusieurs animaux domestiques et même quelques animaux sauvages sont susceptibles d'un certain progrès. L'homme peut les dresser à faire un certain nombre d'actes qu'ils ne feraient pas naturellement ; le cheval, l'éléphant, le chien, le singe sont dans ce cas. Le singe sutout a un instinct prononcé qui le porte à imiter ce qu'il voit faire ; comme il est doué d'ailleurs d'une assez bonne mémoire, qu'il est très agile et qu'il a dans ses mains un instrument propre à faire beaucoup d'actes que ne peuvent faire les autres animaux, on le dresse mieux qu'aucun autre à faire certaines actions qui paraissent surprenantes. Ainsi « il n'est pas difficile d'apprendre à un singe à se servir d'une fourchette, d'un couteau, à boire dans un verre, à se vêtir, à tourner la broche, à aller chercher de l'eau, etc. (1). » Mais tous ces

(1) Brehm, *L'homme et les animaux*, p. 6, cité par M. l'abbé Hamard, ouvrage cité, p. 218.

actes auxquels on peut le dresser ne sortent pas du cercle des choses matérielles et sensibles, et ne supposent en aucune manière l'usage de la raison ; il y a toujours une distance infinie entre ce que l'homme peut apprendre par l'éducation et ce que peut apprendre le singe. Jamais celui-ci ne fera une œuvre d'art, une œuvre qui suppose un véritable raisonnement ; jamais il n'inventera rien. Il est susceptible d'un progrès relatif sous l'impulsion de l'homme et grâce à son instinct d'imitation, mais de lui-même il n'a pas d'initiative, et laissé dans l'état sauvage, il n'arrivera jamais à faire aucun des actes que l'homme lui fait faire, ni rien qui suppose en lui l'esprit d'invention.

209. B — *Progrès dans l'espèce.* — Les sociétés humaines peuvent progresser ; l'histoire est là pour le dire, et, de nos jours surtout, il suffit d'ouvrir les yeux pour le constater. Les écrivains ont assez vanté les progrès de l'humanité pour que nous soyons dispensés d'en apporter ici des preuves.

En est-il de même chez les animaux ? L'espèce est-elle plus susceptible de progrès que l'indi-

vidu? Peut-on nous montrer une génération pro-
fitant des progrès des générations antérieures?
Mais si l'individu ne progresse pas, comment ses
descendants pourraient-ils profiter de progrès
qu'il n'a pas faits? Supposons le cas le plus favorable ; prenons des animaux que l'homme
a dressés et qui ont ainsi acquis quelque avantage
sur ceux de leur espèce ; les voyons-nous transmettre à leurs descendants ce qu'ils ont appris?
Voyons-nous ceux-ci chercher à imiter leurs parents? L'homme n'est-il pas obligé à chaque génération nouvelle de recommencer le travail qu'il
a fait pour les générations précédentes, s'il veut
obtenir le même résultat?

S'il est des animaux qui aient dû à la longue
se perfectionner, ce sont bien les animaux domestiques : depuis bien longtemps, ils sont en contact journalier avec l'homme, ils le voient à chaque instant accomplir des actes intelligents et
raisonnables ; s'ils avaient radicalement les mêmes
facultés intellectuelles que lui, s'il ne manquait
à ces facultés que de se trouver dans des circonstances propres à favoriser leur développement,
les occasions ne leur ont pas manqué, et nous
devrions voir actuellement ces animaux donner
des marques plus sensibles de leur intelligence
que n'en donnaient leurs ancêtres. Or les natura-

listes Pline et Aristote, et en général les écrivains
de l'antiquité, nous parlent assez souvent des animaux domestiques pour que l'on puisse comparer
les mœurs des animaux de cette époque avec les
mœurs des animaux actuels ; que les partisans du
progrès fassent la comparaison et qu'ils nous
disent en quoi l'intelligence de ceux-ci l'emporte
sur celle de leurs devanciers. Ce que nous avons
dit (Ire partie, chapitre II) de la parfaite similitude
des animaux anciens et des animaux modernes,
au point de vue de la structure corporelle, nous
donne bien le droit de penser, jusqu'à preuves
du contraire, qu'il n'en est pas autrement au
point de vue de l'intelligence.

210. Maintenant si nous voulons rechercher la
cause de cette différence radicale, qui existe entre
l'homme et les animaux, nous ne pourrons pas
en trouver d'autre que celle-ci : c'est que l'homme
possède la raison, tandis qu'elle est absente chez
les animaux. La raison est pour l'homme une
lumière qui lui montre le but à atteindre, qui
ouvre devant lui des horizons inconnus, qui pi-
que sa curiosité, qui stimule ses désirs, qui lui
indique en même temps les moyens à employer,
la voie à suivre pour atteindre ces vérités qu'il

entrevoit, ces beautés, ces biens et ces avantages qui l'attirent. Cette lumière manque chez l'animal et c'est là ce qui établit entre l'homme et la bête une différence essentielle, ce qui creuse entre eux un abîme qu'aucun intermédiaire ne peut combler.

211. 3° Asservissement des animaux et des éléments par l'homme. — Voici encore un point de vue qui établit d'une manière incontestable la supériorité de l'intelligence de l'homme sur les animaux.

A — *Asservissement des animaux.* — Quand on compare les qualités physiques de l'homme avec celles des animaux, non dans l'harmonie de l'ensemble, mais isolées les unes des autres, on trouve qu'il n'est pas aussi bien doué que plusieurs d'entre eux : il n'a pas la force du lion, l'agilité du singe, la faculté de s'élever dans les airs comme les oiseaux ; son odorat n'est pas aussi sensible que celui du chien, son œil aussi perçant que celui de l'aigle. Néanmoins l'homme est leur maître à tous ; Dieu, après l'avoir créé, l'a établi leur roi, et cette royauté se réalise à la lettre. *Dominamini piscibus maris et volatilibus cœli et universis animantibus, quæ moventur super terram* (1). Que les transformistes admettent cette supériorité de l'homme comme une situation voulue par la Providence, ou qu'ils ne l'admettent pas, le fait n'en est pas moins certain. L'homme a sur les animaux le droit de vie et de mort. Il détruit ou repousse au loin ceux qui lui sont nuisibles, il asservit et dresse ceux qui peuvent l'aider dans ses travaux, lui fournir la nourriture et le vêtement, servir à son agrément et à ses plaisirs. Cette supériorité il la doit à son intelligence qui lui met en main des engins et des armes capables d'atteindre les plus agiles et de dompter les plus forts, d'aller chercher l'oiseau dans les airs et le poisson jusqu'au fond des eaux.

A-t-on reconnu chez les animaux quelque chose de semblable à cette domination que l'homme exerce sur la nature? Sans doute les animaux qui se nourrissent de proie vivante, exercent un empire sur l'animal dont ils s'emparent. Dieu, en les soumettant au régime carnivore, leur a donné des armes naturelles et une

____

(1) *Genèse*, chap. I, v. 28.

ruse instinctive qui leur permettent de se rendre maîtres de leur proie ; mais ce n'est pas l'intelligence, c'est l'instinct et la force physique qui constituent leur supériorité ; ils sont incapables de se faire des armes propres à rendre leur chasse plus abondante ou plus facile. D'autre part, a-t-on vu quelque animal, je ne dis pas asservir l'homme, la question ne peut pas même se poser, mais asservir d'autres animaux, les domestiquer, pour ainsi dire, afin de profiter de leur force, de leur adresse ou de leurs produits. On n'a jamais rien vu de semblable (1) ; c'est qu'en effet pour cela il faut prévoir des besoins futurs, combiner des moyens pour restreindre la liberté de ces animaux, leur fournir la nourriture, etc., toutes choses qui supposent l'intelligence et la raison (2).

(1) « On conviendra, dit Buffon, que le plus stupide des hommes suffit pour conduire le plus spirituel des animaux ; il le commande, il le fait servir à ses usages, et, c'est moins par force et par adresse que par supériorité de nature, et parce qu'il a un projet raisonné, un ordre d'actions et une suite de moyens par lesquels il contraint l'animal à lui obéir ; car nous ne voyons pas que les animaux qui sont plus forts et plus adroits, commandent aux autres et les fassent servir à leur usage. » (Buffon, *Histoire naturelle générale et particulière*, Paris, 1749, t. II, p. 458.)

(2) Peut-être viendrait-il à la pensée de quelqu'un de citer à l'encontre de ce qui précède, la prévoyance de certaines fourmis tenant captifs des pucerons pour sucer une liqueur sucrée qu'ils secrètent ; mais ces actes sont des actes instinctifs, et d'ailleurs

212. B — *Asservissement des éléments.* —
L'homme n'exerce pas seulement son empire
sur les animaux, il est le maître et le roi de la
nature tout entière. Le bois, la pierre, le fer,
l'airain, prennent sous sa main toutes les formes,
il s'en bâtit des demeures, il s'en fait des outils,
des meubles, des ornements qui lui procurent
toutes les commodités de la vie. Il maîtrise les
plus puissants comme les plus mystérieux agents
de la nature. L'eau et le feu, ces forces si redoutables, dirigés par lui, deviennent des forces do-
ciles et intelligentes qui créent, avec une intaris-
sable fécondité, les produits les plus variés de
l'industrie. La lumière est devenue pour lui le
pinceau le plus fidèle, la foudre, la messagère la
plus rapide. Quel contraste entre ces prodiges
d'intelligence qui ont permis à l'homme de réaliser tant de merveilles, et ce que peuvent faire
les animaux les plus rapprochés de l'homme par
leur organisation! Quel est l'animal assez intelligent pour sentir le besoin du plus simple outil,
pour prévoir son usage et pour le construire? et
comment peut-il venir à l'esprit d'un homme raisonnable, s'il n'est aveuglé par la passion, de

on n'a pas sans doute la prétention de proposer les fourmis comme
le trait d'union entre l'homme et les animaux.

chercher un trait d'union entre des termes si distants et si opposés?

§ V. — L'instinct.

213. Nous avons dit que les animaux étaient incapables d'actes raisonnables, et cependant, quand on étudie leurs mœurs, on est frappé de l'intelligence apparente avec laquelle ils font certains actes, ils exécutent certains travaux, ils prévoient des besoins à venir. Nous en avons cité précédemment des exemples remarquables (110). Ces actes, on ne peut le nier, portent le cachet de l'intelligence, mais en même temps ils ont des caractères qui ne permettent pas d'attribuer l'intelligence qui les dirige à l'animal qui les opère ; c'est l'instinct et non l'intelligence qui en est le principe, et voici les caractères qui distinguent l'un de l'autre.

I. Caractères qui distinguent l'instinct de l'intelligence.

214. L'instinct est un penchant intérieur qui porte à exécuter certains actes sans avoir la notion de leur but ; c'est un penchant inné, an-

térieur à toute éducation, aveugle, uniforme, invariable et limité à un ordre spécial de faits.

Ainsi l'animal qui agit par instinct ne laisse pas d'agir, alors même que les circonstances devraient l'avertir qu'il fait un acte inutile ; s'il avait l'intelligence il tournerait son activité vers un autre but. Fournissez au fourmi-lion une proie surabondante, il ne laissera pas de creuser son piège ; mettez dans une ruche d'abeilles autant de miel qu'il en faut pour leur provision d'hiver, elles n'en construiront pas moins leurs rayons (1).

(1) Citons à ce propos un fait observé par Cuvier et rapporté par Flourens. (*De l'Instinct et de l'Intelligence des animaux*, p. 185.)

« Le castor que F. Cuvier a étudié avec le plus de suite avait été pris tout jeune sur les bords du Rhône ; il avait été allaité artificiellement ; il n'avait donc rien pu apprendre, même de ses parents. On l'avait placé dans une cage grillée. On le nourrissait habituellement avec des branches de saule, dont il mangeait l'écorce, et l'on s'aperçut bientôt qu'après avoir dépouillé ces branches de leur écorce, il les coupait par morceaux et les entassait dans un coin de la cage. Il rassemblait des matériaux pour bâtir. »

« On l'y aida. On lui fournit de la terre, de la paille, des branches d'arbre : et dès lors on le vit former de petites masses de cette terre avec ses pieds de devant, puis les pousser en avant avec son menton, ou les transporter avec sa bouche, les placer les unes sur les autres, les presser fortement avec sa queue, jusqu'à ce qu'il en résultât une masse commune et solide, enfoncer alors un bâton avec sa gueule dans cette masse ; en un mot, bâtir et construire. »

« Or deux choses sont ici évidentes, ajoute Flourens ; l'une que cet animal ne devait rien à la société des siens, et l'autre qu'il travaillait sans utilité, sans but, machinalement, poussé par un

L'intelligence se développe avec l'âge ; elle s'accroît par l'éducation et l'expérience. — L'instinct est dès le commencement tout ce qu'il peut être : l'araignée qui tisse sa toile pour la première fois, la tisse avec la même perfection que la dernière ; elle n'a jamais vu ses parents à l'œuvre et néanmoins elle les imite sans la moindre hésitation.

Rien de plus varié que les actes des êtres intelligents : le fils n'imitera pas son père ; le frère fera autrement que son frère ; les œuvres du lendemain ne ressembleront pas aux œuvres de la veille. — Pour les êtres qui vivent sous l'empire de l'instinct, le cycle de la vie s'accomplit d'une manière invariable ; les générations se succèdent, les œuvres et les procédés restent les mêmes. L'abeille domestique construit aujourd'hui ses rayons, comme elle les construisait jadis ; c'est le même plan qui préside à son travail, et dans toutes les ruches vous trouverez des alvéoles de même forme et de même dimension.

Le domaine de l'intelligence est pour ainsi dire illimité ; il n'est point d'œuvres qu'elle ne puisse entreprendre. — L'instinct est resserré

besoin aveugle ; car, dit F. Cuvier, « il ne pouvait résulter aucun bien-être pour lui de toutes les peines qu'il se donnait. »

dans d'étroites limites ; ce qu'il fait, il le fait bien ; mais en dehors de ce cercle qui l'entoure, il ne sait rien et ne peut rien faire. Une araignée n'apprendra jamais à tisser sa toile autrement que ne la tissent les araignées de son espèce et comme le fait l'espèce la plus voisine.

II. Part de l'instinct et de l'intelligence chez l'homme et chez les animaux.

215. Cette comparaison que nous venons de faire de l'intelligence et de l'instinct nous permet-elle d'affirmer que celui-ci est l'attribut exclusif de l'animalité ? Non, nous ne devons pas aller jusque-là. Nous l'avons vu, les animaux possèdent un certain degré d'intelligence, et, de son côté, l'homme, dans certains de ses actes, est guidé par l'instinct. C'est l'instinct qui règle sa respiration ; c'est l'instinct qui l'oblige à fermer les paupières, quand l'œil est menacé de quelque accident ; c'est l'instinct qui le pousse à rejeter son corps en arrière, quand il a heurté un obstacle et qu'il tend à tomber en avant. Mais la ligne de séparation, pour n'être pas absolue, n'en est pas moins réelle.

Chez l'homme, les actes qui sont sous la dépendance de l'instinct sont des actes de la vie organique, qui doivent s'accomplir incessamment, ou bien ce sont des mouvements rapides qui, en cas de danger, ne doivent pas attendre le temps de la réflexion. La Providence l'a ainsi sagement ordonné, pour ne pas asservir l'homme à une attention et à une contrainte de tous les instants. On rapporte quelquefois à l'instinct un certain nombre d'actes qui, dans le principe, ont été dirigés par l'intelligence, et que plus tard, par l'effet de l'habitude, nous accomplissons sans y prêter une attention actuelle ; mais en réalité ces actes ne sont pas des actes purement instinctifs, et il n'y a qu'un très petit nombre d'actes que l'homme exécute sous l'impulsion de l'instinct proprement dit. — Chez les animaux, il n'en est pas de même ; la plupart de leurs actes sont sous la dépendance de l'instinct, et ceux même où apparaissent quelques lueurs d'intelligence, ont souvent l'instinct pour mobile et pour principe. Au reste, l'instinct est chez les animaux le supplément de l'intelligence, et il est facile de remarquer que ce sont les animaux des classes inférieures, ceux chez lesquels l'intelligence fait le plus défaut, qui sont davantage sous la dépendance de l'instinct, et qui parfois accomplissent les actes les plus surprenants.

216. La conclusion générale que nous devons tirer de toutes ces comparaisons, c'est qu'on chercherait en vain dans la nature actuellement vivante un trait d'union entre l'homme et l'animal, même le plus parfait. Dieu a mis dans l'homme des traits qui en font un être à part; il l'a fait à son image et à sa ressemblance, et s'il est une lacune dans la série zoologique que les transformistes ne puissent combler, c'est bien celle qui le sépare de tous les autres êtres.

SECTION II.

LES TRANSFORMISTES NE TROUVENT PAS PLUS DANS LE PASSÉ QUE DANS LE PRÉSENT L'INTERMÉDIAIRE QU'ILS CHERCHENT ENTRE EUX ET L'ANIMAL SANS RAISON.

217. Depuis environ un quart de siècle, des collectionneurs se sont donné la mission d'exhumer tout ce qu'ils ont pu trouver de vestiges de nos ancêtres les plus reculés, et ils ont fait ces recherches avec une activité et une ardeur qui étaient bien souvent stimulées, moins par l'amour de la science, que par l'espoir d'étayer par de nouveaux arguments les doctrines évolutionistes

et de trouver des intermédiaires entre l'homme et le singe. On a interrogé dans ce but tous les lieux où l'on supposait que les hommes des anciens âges avaient pu laisser des traces de leur présence. On a fouillé le sol des cavernes, des grottes et des moindres abris formés par des roches surplombantes ; on a creusé au pied des dolmens et des menhirs ; on a cherché dans les anciennes sépultures connues sous le nom de tumulus, dans les lieux que les traditions ou d'autres indices désignaient comme ayant été, à des époques plus ou moins reculées, des camps retranchés ou des champs de bataille ; on a, pour ainsi dire, passé au crible les alluvions déposées par les eaux sur le bord des lacs et des fleuves. On a ainsi mis au jour une masse considérable de débris des anciennes industries de l'homme associés avec ses ossements. A l'aide de ces documents, on a cherché à reconstituer l'histoire des premiers âges de l'humanité et à se faire une idée de ce qu'étaient nos ancêtres, soit sous le rapport de la structure du corps, soit sous le rapport de l'intelligence. A ce double point de vue nous allons examiner si les recherches multipliées des évolutionistes ont abouti à trouver la généalogie qui fait l'objet de leurs désirs et à établir qu'ils peuvent compter le singe parmi leurs ancêtres.

ARTICLE I.

LES TRACES LES PLUS ANCIENNES DE L'HUMANITÉ PEUVENT-
ELLES ÉTABLIR QU'IL Y A EU AUTREFOIS DES INTERMÉ-
DIAIRES ENTRE L'HOMME ET LE SINGE SOUS LE RAPPORT
DE LA STRUCTURE CORPORELLE.

218. Disons de suite que l'espoir des évolutionistes a été complètement déçu, et qu'ils n'ont
point trouvé l'intermédiaire si ardemment cherché.
Pour le constater nous allons en appeler à l'autorité des anthropologistes les plus compétents et
même des anthropologistes libres-penseurs.

« Quelques pièces osseuses, quelques têtes
présentent des traits plus ou moins accentués dont
on s'était exagéré l'importance, tant que l'étude
de ces spécimens est restée isolée. La comparaison
a réduit à leur juste valeur quelques appréciations
trop hâtées et qui toutes avaient pour but de rapprocher ces antiques races de certaines espèces
animales. » C'est M. de Quatrefages qui parlait
ainsi en 1872 (1).

Depuis, ses convictions n'ont pas changé, comme

(1) *Revue scientifique*, 10 février.

on peut le voir dans la troisième édition de son livre de l'*Espèce humaine* (Paris, 1877). Voici en effet la conclusion qu'il tire de l'étude des ossements humains les plus anciens et de leur comparaison avec le squelette de l'homme moderne (p. 220).

« Dolichocéphale ou brachycéphale (1), grand ou petit, orthognathe ou prognathe (2), l'homme quaternaire est toujours homme dans l'acception entière du mot. Toutes les fois que ses restes ont permis d'en juger, on a retrouvé chez lui le pied, la main qui caractérisent notre espèce ; la colonne vertébrale a montré la double courbure à laquelle Lawrence attachait une si haute importance et dont Serres faisait l'attribut du règne humain. Plus on étudie et plus on s'assure que chaque os du squelette, depuis le plus volumineux jusqu'au plus petit, porte avec lui, dans sa forme et ses proportions, un certificat d'origine impossible à méconnaître..... »

(1) De δολιχός, allongé, βραχύς, court, et κεφαλή, tête. On appelle dolichocéphales ceux chez lesquels la largeur du crâne est à la longueur comme $\frac{78}{100}$, et brachycéphale ceux chez lesquels ce rapport est $\frac{80}{100}$. Les mésocéphales ou mésaticéphales sont ceux dont la longueur du crâne est comprise entre ces deux limites Lyell).

(2) De ὀρθός, droit, πρό en avant, et γνάθος, mâchoire. Le type caucasien est orthognathe et le type nègre, dont la mâchoire se porte en avant par rapport au reste de la face, est prognathe.

« Tous les os des têtes humaines modernes se retrouvent dans les têtes fossiles avec les mêmes formes et présentent les mêmes rapports. Soit qu'on les considère isolément, soit qu'on envisage leur ensemble, rien en eux ne peut qu'éveiller le souvenir de ce que nous voyons chaque jour. L'énorme arcade sourcillère de l'homme de Néanderthal elle-même ne peut dissimuler le caractère tout humain de ce crâne exceptionnel. »

« Dans toutes les races fossiles on retrouve le caractère essentiellement humain de la prédominance du crâne sur la face. Chez elles, *comme chez nous,* la boîte osseuse, destinée à contenir le cerveau, s'allonge et se rétrécit ou se raccourcit en s'élargissant, se surbaisse ou s'élève ; mais toujours elle conserve une capacité comparable à celle de nos jours..... »

« Nous pouvons donc avec certitude appliquer à l'homme fossile que nous connaissons, les paroles d'Huxley. Pas plus aux temps quaternaires que dans la période actuelle, « aucun être intermédiaire ne comble la brèche qui sépare l'homme du troglodyte (1). Nier l'existence de cet abîme serait aussi blâmable qu'absurde ».....

« De l'aveu d'Huxley, les oscillations ne sont

____

(1) Huxley entend par troglodyte un singe anthropomorphe

jamais assez étendues pour amener la confusion. Le *caractère humain* ne change donc pas de nature ; il ne devient pas *simien*..... Les croyants à l'homme pithécoïde (1) doivent se résigner à le chercher ailleurs que chez les seules races fossiles que nous connaissions, et à recourir encore à l'inconnu. »

L'autorité de M. de Quatrefages en anthropologie nous a déterminé à citer tout au long cette conclusion si nettement formulée.

Cet éminent naturaliste n'est pas le seul à professer cette opinion ; nous venons de voir qu'il cite comme la partageant Huxley que nous savons n'être pas suspect en cette matière. Il nous dit aussi que ces conclusions sont celles de M. Hamy (2) aussi bien que les siennes : « Je parle ici au nom de M. Hamy comme au mien... Ce que je vais dire de l'homme fossile est presque le résumé, non seulement de notre livre (*Crania-Ethnica*), mais encore de bien d'autres études communes (3). »

---

(1) De πίθηκος, singe, et εἶδος, aspect, apparence.
(2) Auteur d'un *Précis de Paléontologie humaine*, Paris, 1870.
(3) *L'Espèce humaine*, p. 216.

M. de Nadaillac, qui a étudié à fond et depuis
longtemps les monuments et les restes les plus
anciens de l'humanité, se montre également convaincu que l'homme quaternaire ressemblait de
tout point à l'homme moderne. Dans son ouvrage sur *Les premiers hommes et les temps préhistoriques* il nous dit que si l'on a trouvé quelques crânes étroits et d'un type inférieur, ces
crânes sont une exception. La capacité du plus
grand nombre ne le cède pas à celle des crânes
de l'époque actuelle, et ce sont les plus anciens
en même temps que les plus authentiques qui
se montrent avec ce caractère.

219. Au reste les préhistoriens (1), évolutionistes eux-mêmes, ou nous montrent qu'ils n'ont
qu'une confiance très médiocre dans l'authenticité et l'ancienneté des débris humains mis en
avant pour établir l'infériorité de la race quaternaire, ou reconnaissent que les conclusions que
l'on prétendrait tirer de la crâniologie sont in-
certaines, ou enfin sont obligés d'avouer que l'on

(1) On désigne sous ce nom ceux qui essaient de faire l'histoire
des premiers âges de l'humanité à l'aide des découvertes archéologiques dont nous avons parlé au commencement de cette section.

n'a pas trouvé de débris de l'homme-singe, de l'anthropopithèque, c'est le nom qu'ils lui donnent.

Ainsi M. Cartaillac, un préhistorien peu suspect de favoriser les doctrines spiritualistes, dit que certaines théories relatives à l'homme quaternaire lui paraissent constituer un roman. Il se demande s'il y a eu une race de Canstadt, une race de Cro-Magnon, une race de Furfooz (1). « Avant de créer des races quaternaires, observe-t-il avec raison, ne conviendrait-il pas de s'assurer si les ossements qu'on décrit sont aussi anciens qu'on le croit de confiance (2). »

« Il n'est pas étonnant, a avoué au congrès de Stockolm M. Virchow, le plus habile anthropologiste de l'Allemagne, que des résultats fondés sur la crâniologie ne soient pas confirmés. La crâniologie est encore trop peu avancée pour fournir des données précises (3). »

(1) Il s'agit de crânes fossiles auxquels on a donné le nom des localités où ils ont été trouvés.

(2) Cité par *La Controverse*, 1ᵉʳ février 1882, p. 189.

(3) *Archéologie celtique et gauloise*, par Alexandre Bertrand, Paris, 1876.

De son côté, M. le docteur Gustave Le Bon, partisan décidé du transformisme, apprécie ainsi cette nouvelle science dans la *Revue scientifique* (1) : « Si l'anthropologie actuelle persiste dans la voie où elle s'est engagée, c'est-à-dire dans ses recherches de crâniologie comparée, elle perdra bientôt tout crédit. »

M. Joly, professeur à la faculté des sciences de Toulouse, le partisan de la génération spontanée dont nous avons parlé précédemment, et qui est en même temps libre-penseur, porte aussi ce jugement peu suspect et fort mordant sur la crâniologie : « On ne peut s'empêcher de sourire, quand on voit avec quelle imperturbable assurance certains anthropologistes déclarent, en mettant le doigt sur tel ou tel crâne plus ou moins fossile, que ce crâne appartient à un individu de race ibérienne, celtique, protoceltique, phénicienne, romaine, etc., etc. ; comme si les caractères crânioscopiques de ces diverses races étaient assez précis et assez bien conçus pour que, dans l'état actuel de la science, on puisse prononcer à coup sûr de semblables oracles. On dit que les

(1) 17 décembre 1881.

augures de l'antiquité ne pouvaient se regarder
sans rire. Je m'étonne que certains anatomistes
de notre époque ne fassent pas comme les augures.
Ah! si les hommes de l'âge de pierre ou de
bronze pouvaient tout à coup revenir à la vie
sous l'invocation de nos modernes Saüls, que de
sanglants démentis ne donneraient-ils pas à leurs
jugements si sûrs en apparence! que de mystifi-
cations scientifiques ne constateraient-ils pas
dans nos livres les plus en vogue et les plus estimés (1)! »

Il dit encore ailleurs : « Jusqu'à présent, l'étude
des têtes osseuses et autres débris humains préhistoriques ne nous autorise point à penser et
encore moins à soutenir que l'homme primitif et,
par suite, l'homme actuel soient d'origine simienne (2). »

M. de Mortillet enfin, l'un des plus chauds partisans des doctrines transformistes, bien qu'il ait
la foi la plus robuste dans l'existence de l'anthropopithèque, est obligé d'avouer que l'on n'a

(1) Joly, *Crâniologie ethnique*; *Revue scientifique*, t. V, p. 369,
cité par *La Controverse*, 1ᵉʳ février 1881, p. 262.

(2) *Revue scientifique* du 18 janvier 1879, cité par *Les Mondes*,
t. 48, p. 191.

pas trouvé de débris de son squelette. Après avoir fait le relevé de tous les ossements fossiles de singes que l'on a pu trouver dans les deux continents, il se pose cette question : « Peut-on, parmi ces rares débris, reconnaître quelques restes de l'anthropopithèque, du précurseur de l'homme ? Je ne le crois pas (1), » répond-il. Il est vrai qu'il prétend prouver son existence d'une autre manière ; nous aurons bientôt occasion d'apprécier ses preuves.

220. Ainsi donc les recherches multipliées des préhistoriens, l'examen le plus minutieux des ossements découverts, nous mettent en présence de deux catégories de fossiles : d'un côté, l'homme avec des caractères nettement tranchés, d'un autre côté, diverses espèces de singes ; mais, de trait d'union entre les deux, il n'y en a point.

Toutefois, si les recherches sont jusqu'à présent demeurées infructueuses, les évolutionistes n'en conservent pas moins l'espoir de trouver un jour cet intermédiaire tant désiré. Un chercheur

(1) M. De Mortillet, *Le Préhistorique*, Paris, 1883, p. 125 et 126.

plus avisé ou plus heureux finira par le découvrir.

Tout ce que nous avons vu jusqu'ici nous dit assez combien cet espoir est chimérique, et les nombreuses découvertes de fossiles de toutes les espèces animales nous disent aussi combien il est invraisemblable que cette espèce-là seule, si elle existait, ait pu échapper aux recherches sans nombre dont elle a été l'objet.

Ceux qui veulent à tout prix faire descendre l'homme de la brute, ont un autre argument à faire valoir. Si nous n'avons pas mis la main sur l'ouvrier, disent-ils, nous avons découvert ses œuvres, et elles suffisent pour nous montrer l'homme, partant des plus bas degrés de l'intelligence, pour s'élever peu à peu jusqu'à la plénitude de la raison.

L'article suivant nous apprendra si ce genre de découvertes peut leur donner une assurance bien réelle de l'existence de l'homme-singe.

ARTICLE II.

EST-IL VRAI QUE L'HOMME PRIMITIF DIFFÉRAIT A PEINE
DE LA BRUTE SOUS LE RAPPORT DE L'INTELLIGENCE, ET
QU'IL S'EST ÉLEVÉ PAR UN PROGRÈS LENT ET CONTINU
JUSQU'AU PLEIN ÉPANOUISSEMENT DE LA RAISON?

Distinction de différents âges dans l'histoire de l'humanité.

221. Comme nous l'avons dit au commencement de cette section, les fouilles faites dans le but de retrouver les vestiges des plus anciens représentants de l'humanité ont mis à découvert une masse considérable d'instruments de pierre, de bronze et de fer, associés avec des ossements d'animaux qui ont en partie disparu. On a cru pouvoir classer ces monuments par ordre d'ancienneté et en même temps par ordre de perfection, et on a ainsi distingué diverses étapes ou divers âges par où aurait passé l'homme, avant de parvenir à l'entier développement de ses facultés intellectuelles. A la base on place l'âge de la pierre taillée ; puis viennent l'âge de la pierre polie, l'âge du bronze et enfin l'âge du fer qui se soude aux temps historiques.

Pendant l'âge de la pierre taillée, l'homme, ignorant l'art d'extraire les métaux et de s'en faire des outils et des armes, n'avait pour instruments que des fragments de silex, détachés par percussion de blocs plus gros, et à bords plus ou moins tranchants. Ils lui servaient de couteaux, de racloirs, de poinçons, de haches, de pointes de flèches, etc.

A l'âge de la pierre polie, l'homme a progressé dans l'art de fabriquer ses outils ; par le frottement contre un corps dur, il enlève les aspérités de ses instruments en pierre, et leur donne une surface polie et un tranchant plus régulier.

Il arrive ensuite, par un nouveau progrès, à fabriquer le bronze et, à l'aide de la fusion ou du marteau, il s'en fait des instruments plus parfaits et appropriés à un plus grand nombre d'usages.

Enfin il en vient à trouver le secret de fabriquer le fer, métal commun dans la nature et qui se prête facilement à la confection des instruments les plus variés. C'est à partir de cette découverte que les arts ont commencé à progresser d'une manière rapide.

222. Après avoir ainsi fait passer l'humanité,

par une suite de progrès, de l'état d'une extrême
barbarie à l'état de civilisation, après avoir mis
bout à bout les différentes phases qui ont marqué
ce progrès, les préhistoriens transformistes font
l'argument suivant pour établir leur doctrine et
saper du même coup les bases du christianisme.

Argument des transformistes.

Vous le voyez, nous disent-ils, l'homme, à ses
débuts, diffère à peine de la brute ; ses premiers
instruments ne sont que des pierres, et des pierres
si grossièrement taillées qu'elles dénotent une
intelligence à peine supérieure à celle des animaux. Cette intelligence se développe ensuite,
mais très lentement, nous en pouvons suivre les
progrès pas à pas, depuis les premiers germes
jusqu'à son entier épanouissement. Les choses
se sont donc bien passées comme si l'homme
tirait son origine, par voie d'évolution lente et
progressive, d'un être placé vers les plus hauts
degrés de la série animale, d'un anthropopithèque.

223. *Analyse de l'argument.* — Qu'on veuille
bien nous permettre, pour discuter cet argument,
d'en faire l'analyse et de le réduire en syllogisme ;

ce sera le moyen d'en bien apprécier la valeur.

Les transformistes mettent d'abord ce fait en avant : On a trouvé dans des cavernes, sous des abris naturels, dans d'anciennes sépultures, etc., des instruments en pierre taillée, en pierre polie, en bronze et en fer.

En s'appuyant sur ces découvertes, ils font les deux raisonnements suivants qui sont contenus implicitement dans leur argumentation :

I. Tous ces objets sont l'œuvre de l'homme préhistorique; c'étaient les instruments dont il se servait.

Parmi ces instruments, les pierres taillées sont l'œuvre de l'homme primitif;

Or ces pierres constituent des instruments si grossiers, qu'ils supposent une intelligence voisine de celle de la brute;

Donc c'est de la brute que l'homme tire son origine.

II. L'homme a progressé pendant les temps préhistoriques, puisque nous le voyons se faire des outils de plus en plus parfaits, et il a progressé très lentement;

Or ce progrès lent ne peut s'expliquer que par l'évolution;

Donc pendant les temps préhistoriques l'homme a évolué d'un état presque bestial à l'état d'homme civilisé, ce qui s'accorde parfaitement avec notre système.

Discussion.

224. Pour les découvertes sur lesquelles on s'appuie, nous n'avons pas à les nier, mais nous allons discuter les deux raisonnements que nous venons d'énoncer.

Ier RAISONNEMENT. — *Majeure.* — Cette majeure est complexe et comprend deux propositions qu'il faut examiner séparément.

1° *Tous ces objets, pierres taillées, pierres polies, etc., sont l'œuvre de l'homme.* — Nous aurions des réserves à faire sur cette proposition en ce qui regarde les objets de la première catégorie. Il en est que l'on nous présente comme l'œuvre de l'homme, et que nous ne saurions accepter comme tels ; mais la discussion de ce point nous entraînerait trop loin, et, comme la chose n'a pas d'importance pour le cas présent, nous admettons provisoirement qu'on peut regarder toutes ces pierres taillées comme des spécimens de l'industrie de l'homme.

225. 2° *Les pierres taillées sont l'œuvre de
L'HOMME PRIMITIF*. — Cette proposition, nous ne
l'acceptons pas, et les préhistoriens ne sauraient
nous en fournir la preuve. Pour cela il faudrait
démontrer que les peuplades qui ont taillé ces
pierres, sont aborigènes et qu'elles ne sont pas
venues d'autres contrées où l'usage des métaux
était connu. Or cette démonstration ils ne peuvent
pas nous la donner.

D'après leur théorie, l'homme descend du singe
par l'intermédiaire d'un anthropopithèque ; or
nous avons vu que, malgré leurs recherches, ils
n'ont pu trouver ni en Europe ni ailleurs ce
prétendu ancêtre de l'homme. Ainsi la preuve
directe leur manque.

Les traditions d'ailleurs, d'accord avec la
science ethnographique et la linguistique, placent le berceau de l'humanité en Orient. C'est de là
que tirent leur origine les tribus qui sont venues à
diverses reprises s'implanter en Europe ; c'est
là aussi qu'il faudrait aller chercher les premiers vestiges de l'humanité. Il est vrai que la
chose n'est pas facile, parce que, d'une part, on
ne connaît pas d'une manière assez précise quel
pays en a vu les commencements, et que, d'autre
part, les régions où l'on peut le placer avec
plus de vraisemblance, sont peu accessibles aux

recherches. Nous pouvons toutefois affirmer avec
certitude que, dans des pays peu éloignés de ces
régions, dans l'Égypte et dans l'Asie-Mineure,
par exemple, l'usage des métaux remonte à la
plus haute antiquité.

Ainsi, d'après le savant égyptologue M. Chabas au dix-septième siècle avant J.-C., les Égyptiens « connaissaient depuis plus de 2000 ans
l'usage de tous les métaux et avaient toutes les
habitudes d'un luxe développé par la richesse (1). »

Les fouilles faites à Hissarlik, dans l'ancienne
Troade, par M. Schlieman ont mis à découvert,
dans les couches les plus profondes d'une
masse de débris, à 10 ou 15 mètres au-dessous
du sol actuel, des objets en bronze et en argent
en même temps que de très belles poteries (2).
Ces couches contenaient les débris de trois civi-
lisations superposées et par conséquent étaient
de la plus haute antiquité.

Nous pouvons aussi à ce sujet invoquer le témoignage de la Bible, considérée comme livre
historique, et indépendamment des faits surna-
turels qu'elle contient. On n'est pas en droit de

____

(1) *Études sur l'antiquité historique*, Paris et Châlons-sur-Saône,
1872, p. 360.

(2) *Matériaux pour servir à l'histoire naturelle et primitive de
l'homme*, année 1874, p. 36.

récuser son témoignage en se basant sur des hypothèses gratuites, comme le font les préhistoriens transformistes ; il faudrait pour avoir ce droit apporter des faits positifs et bien constatés qui soient en contradiction avec son récit, et c'est ce qu'ils ne sauraient faire. Or la Bible montre Tubalcaïn, séparé d'Adam seulement par sept générations, travaillant l'airain et le fer : *Fuit malleator et faber in multa opera æris et ferri* (1). Il est à remarquer que ce texte ne nous donne pas Tubalcaïn comme ayant découvert l'usage de l'airain et du fer, il nous le montre seulement comme un ouvrier habile en toutes sortes d'ouvrages fabriqués avec ces métaux, ce qui permet de supposer que l'art de les mettre en œuvre était déjà connu avant lui.

Au reste, quand bien même on admettrait que l'usage des métaux ne remonte pas au delà de Tubalcaïn, on ne serait pas pour cela en droit d'affirmer que les premiers hommes fussent assimilables à la brute, puisque le texte biblique nous apprend que, dès le principe, Abel élevait des troupeaux et Caïn cultivait la terre : *Fuit autem Abel pastor ocium et Caïn agricola* (2). Il nous

____

(1) *Genèse*, ch. IV, v. 22.
(2) *Genèse*, ch. IV, v. 2.

montre même celui-ci après son crime bâtissant
une ville : *Ædificavit civitatem, vocavitque nomen
ejus ex nomine filii sui Henoch* (1).

226. On nous demandera peut-être comment
il a pu se faire, si les tribus qui ont peuplé l'Europe sont venues de l'Asie et se sont détachées
de nations déjà en possession de l'art de travailler
les métaux, qu'elles n'aient pas apporté cet art
avec elles et n'aient pas continué à se servir
d'instruments métalliques.

La réponse à cette objection n'est pas difficile.
L'usage du bronze et du fer dans les lieux qui
virent se grouper les premiers peuples était connu
sans doute, mais il est vraisemblable qu'il n'était
pas très répandu. L'art d'extraire ces métaux de
leurs minerais devait être encore primitif et être
connu seulement d'un petit nombre. Peut-on être
surpris que, dans ces conditions, des tribus, chas-
sées par la guerre ou entraînées par l'esprit d'a-
venture et s'égarant dans les vastes solitudes qui

(1) *Genèse*, ch. IV, v. 17.

s'ouvraient devant elles, aient perdu l'usage et même la connaissance des métaux? N'est-il pas permis de supposer qu'elles ignoraient l'art, d'ailleurs difficile, de les obtenir, ou bien que, le connaissant, mais, ne trouvant pas dans la contrée où elles avaient fixé leur demeure, les minerais qui leur étaient nécessaires pour l'exercer, elles en aient perdu le souvenir, après un petit nombre de générations? Des peuplades menant peut-être une vie nomade, vivant de la chasse, obligées de satisfaire aux besoins pressants du moment, étaient-elles dans des conditions bien propres à se livrer à des travaux métallurgiques? Dans nos pays civilisés, et où l'usage des métaux est si commun, combien n'y a-t-il pas de gens qui ignorent complètement l'art de les extraire, et qui, s'ils se trouvaient transportés dans des pays inconnus, loin de toute civilisation, seraient dans l'impossibilité de l'exercer et de le transmettre à leurs descendants?

227. La *mineure* (1) du raisonnement que nous discutons ne soutient pas davantage l'examen. — *Ces pierres*, nous dit-on, *constituent des*

(1) Voir p. 394, n° 223.

*instruments si grossiers qu'ils supposent une in-
telligence voisine de celle de la brute.*

1° Nous avons vu dans l'article précédent que
l'homme de la pierre taillée ressemblait de tout
point, sous le rapport physique et spécialement
sous le rapport de la capacité et de la forme du
cerveau, à l'homme moderne ; l'analogie doit
donc nous conduire à admettre qu'il lui ressemblait aussi sous le rapport intellectuel, et, si
quelqu'un avait le droit de rejeter cette conclusion,
ce ne seraient pas les matérialistes qui identifient
le cerveau avec la pensée. L'homme antique n'a-
vait pas sans doute l'étendue de connaissances
que l'homme moderne tient du progrès des sciences
et des arts, mais il avait les mêmes facultés que
lui et il les appliquait dans le cercle de connaissances qui étaient à sa portée. La grossièreté des
outils dont il se servait ne suffit pas pour prouver
le contraire.

2° Et en effet le degré d'habileté d'un peuple
ou d'un individu dans les arts indique-t-il bien
exactement le niveau de son intelligence et de sa
raison ? De ce que, dans le siècle de Louis XIV,
on n'employait pas pour travailler les métaux
les moyens perfectionnés dont nous disposons
dans le nôtre, s'ensuit-il qu'on écrivait moins
bien et qu'on raisonnait avec moins de justesse

que dans le temps présent? De ce qu'un académicien ne serait pas en état de se confectionner un habit, faudrait-il conclure qu'il ne jouit pas de la plénitude de ses facultés intellectuelles? Combien de paysans qui ignorent complètement les raffinements de la civilisation parisienne, et seraient en état de raisonner aussi juste que tel habitant de la rue Saint-Honoré ou du Palais-Royal et plus juste que M. de Mortillet, quand il accumule les âges préhistoriques en s'appuyant sur la seule diversité de forme des outils en pierre taillée? De ce simple fait que les premiers habitants de nos contrées se servaient de grossiers outils en silex, on ne peut donc pas conclure qu'ils n'avaient ni raison ni intelligence et que, hommes par la conformation du corps, ils n'étaient que des brutes sous le rapport des facultés mentales.

228. 3° D'ailleurs connaissons-nous tous les ustensiles, tous les outils, tous les engins de chasse et de pêche dont ils se servaient? Le temps ne nous a conservé que des silex, parce que le silex demeure sans altération dans le sein de la terre; mais de combien d'autres instruments en bois, en fibres végétales et autres matières organiques n'ont-ils pas pu se servir, sans que rien de tout cela soit parvenu jusqu'à nous. Toutes ces matières ne se fossilisent pas, et, encore moins,

les connaissances, les croyances et les raisonnements.

4° L'homme primitif faisait déjà usage du
feu, et cela seul suffirait pour le distinguer des
animaux. Faire du feu, en effet, l'entretenir, l'employer, le conserver, le maîtriser, tout cela constitue des actes très complexes, qui supposent une
intelligence bien supérieure à celle des bêtes.
Aussi n'a-t-on jamais vu un animal se procurer
du feu, ou même l'alimenter.

5° Les plus anciennes traces de l'homme nous
le montrent avec la coutume d'ensevelir les morts,
et c'est souvent dans les sépultures et à côté de
ses restes, qu'on a trouvé ses outils. Or cette
coutume nous révèle déjà dans l'homme jusqu'à
un certain point la croyance à l'immatérialité et
à l'immortalité de l'âme ; elle nous le montre déjà
animé de ces sentiments délicats du cœur qui accompagnent au delà de la tombe ceux qui nous
sont chers.

6° Ne voyons-nous pas l'homme, dès ces premiers commencements, investi de cette domination sur tous les êtres de la nature, que nous
avons signalée précédemment? Comment aurait-
il pu vaincre des animaux aussi redoutables que
l'ours des cavernes, le lion, le mammouth, etc., si
son intelligence n'avait suppléé à la faiblesse de

son corps dans la lutte qu'il était obligé de soutenir contre eux, soit pour se défendre de leurs attaques, soit pour se procurer de la nourriture.

Il faut donc reconnaître que l'assertion des transformistes qui veulent nous faire voir dans l'homme de la pierre taillée, un être différant à peine de la brute, est encore une hypothèse qui ne s'appuie sur aucun fondement solide, et ne résiste pas à un examen sérieux.

229. IIe Raisonnement. — *Majeure* (1). — *L'homme a progressé* pendant les temps préhistoriques, puisque nous le voyons se faire des outils de plus en plus parfaits, *et il a progressé très lentement*.

Nous avons deux choses à discuter dans cette majeure, le progrès, et la lenteur du progrès.

Le progrès. Les évolutionistes ont besoin dans leur système de faire passer l'homme, par un

---

(1) Voir n° 223.

développement lent et graduel, de l'état le plus
bas, de l'état bestial, à l'état d'homme civilisé ;
ils veulent voir, dans ce progrès lent et continu,
une loi de la nature que l'humanité a nécessairement suivie, et ils prétendent trouver une preuve
de cette loi dans ces âges de pierre, de bronze
et de fer par lesquels ils font passer l'homme
pendant les temps préhistoriques.

Nous avons montré précédemment (1) que
l'homme est perfectible, et nous sommes loin de
contredire ce que nous avons avancé à ce sujet ;
mais cette prétendue loi du progrès *n'a rien d'ab-
solu et de nécessaire, elle n'est pas universelle et
elle ne se vérifie pas comme l'entendent les transformistes.*

230. Et d'abord l'histoire nous montre que
les peuples peuvent suivre au rebours la voie du
progrès. Combien ne pourrait-on pas citer d'exemples de nations, autrefois renommées pour leur
civilisation, et qui maintenant sont dans un triste
état de décadence ? Il suffirait pour cela de jeter
les yeux sur la Perse, la Syrie, l'Asie-Mineure, le
nord de l'Afrique et de reporter sa pensée sur

____

(1) N° 208 et suiv.

Babylone, Ninive, Tyr, Sidon, Carthage et tant d'autres villes dont il ne reste plus que des souvenirs. Pourrait-on citer au contraire beaucoup d'exemples de tribus s'élevant *d'elles-mêmes* de l'état sauvage à l'état civilisé? Il est facile de constater que si, dans les temps modernes, quelques peuples sauvages ont adouci leurs mœurs, c'est par le contact des nations civilisées et surtout grâce au dévouement des missionnaires catholiques. Et encore, combien d'efforts, combien de travaux, combien de persévérance, combien de vies ne leur en a-t-il pas coûté pour arracher ces peuples à leurs coutumes barbares, et implanter au milieu d'eux une civilisation qu'ils repoussaient?

231. En a-t-il été autrement dans ces temps que les recherches archéologiques ont tenté de faire revivre? Nous pouvons en appeler sur ce point au témoignage de M. Alexandre Bertrand (1) : « Il peut y avoir en géologie, dit-il,

(1) L'autorité de M. A. Bertrand en archéologie préhistorique est incontestable. Il est directeur du musée de Saint-Germain, fondé spécialement pour recueillir tout ce qu'on a pu se procurer d'objets préhistoriques, et dont aucun autre peut-être n'égale la richesse en ce genre. Il a pu étudier et comparer entre eux tous ces objets, venus de toutes les contrées de l'Europe. Grâce au concours du gouvernement, il a pu faire exécuter de nombreuses fouilles

une loi immuable de la succession des terrains
de toute l'écorce du globe, terrains primaires,
secondaires, tertiaires et quaternaires, avec des
subdivisions aussi nettement tranchées ; il n'existe
point de loi semblable applicable aux agglomé-
rations humaines, à la succession des couches de la
civilisation. Croire que toutes les races humaines
ont nécessairement passé par les mêmes phases de
développement et parcouru toute la série des
états sociaux que la théorie veut leur imposer,
serait une très grave erreur (1)...

« Des philosophes théoriciens ont prétendu que
l'homme avait été partout condamné à passer successivement et, comme par une loi de sa nature
propre, de l'état de chasseur nomade à celui de
pasteur, puis d'agriculteur, avant d'arriver à l'é-
tat social parfait ; jusqu'ici les faits démentent ces
théories, au moins pour l'Europe. Les premières
générations d'hommes, livrées à elles-mêmes,
n'ont nulle part dans nos contrées su dépasser
une certaine limite que la Providence avait as-
signée au développement de leurs facultés isolées. A deux reprises différentes, en Gaule, ce

constater l'authenticité des objets trouvés et les étudier sur la
place même qu'ils occupaient. Il était donc dans les meilleures
conditions pour porter le jugement que nous citons ici.

(1) *Archéologie celtique et gauloise*, Paris, 1876, p. 46.

sont de nouveaux groupes humains qui ont fait sortir de leur sommeil les populations antérieures avec lesquelles ils semblent ensuite s'être fondus, leur communiquant, mais peut-être aussi leur empruntant, des aptitudes nouvelles (1). »

On peut voir dans l'ouvrage cité le détail des faits sur lesquels s'appuie M. Bertrand pour affirmer ainsi que la civilisation n'est pas indigène dans l'Europe septentrionale, mais qu'elle y a été apportée du dehors par des courants venus de diverses directions. En voici un résumé.

« L'époque des cavernes (2) et l'époque de la pierre polie... se touchent incontestablement. Aux silex taillés à éclats... succèdent tout à coup, non pas seulement des haches polies en silex, mais en pierre dure, serpentine, chloromélanite, fibrolithe, saussurite, jadéite et peut-être jade ou néphrite, minéral que nous ne retrouvons plus en Europe... C'est un progrès subit et pour ainsi dire instantané... L'explication bien simple de ce fait, c'est que les populations de l'âge de la pierre polie étaient des populations nouvelles et distinctes de nos troglodytes (3). Ces populations ap-

---

(1) A. Bertrand, *Archéologie celtique et gauloise*, p. 79.

(2) Ou de la pierre taillée.

(3) Il s'agit d'hommes habitant des cavernes. Ce mot n'est pas pris ici dans le même sens qu'au n° 218.

portaient avec elles des industries inconnues jusque-là, les animaux domestiques, des habitudes
agricoles et sédentaires (1). »

232. Le bronze aussi est d'origine étrangère.

« A une date impossible à déterminer, mais
qui vraisemblablement ne remonte pas au delà
du dixième ou du douzième siècle avant notre
ère, des armes de bronze, des ustensiles et des
bijoux de même métal commencèrent à pénétrer
dans ce monde septentrional où dominait exclusivement la civilisation de la pierre polie. L'or,
travaillé en feuilles au repoussé, ou fondu avec
art à cire perdue, fait à la même époque son apparition sur plusieurs points privilégiés de ces
mêmes contrées. Ces bijoux, ces ustensiles, ces
armes sont fabriqués avec un métal composé d'un
alliage partout identique, ont partout les mêmes
formes, la même ornementation. Les différences,
d'un pays à l'autre, constituent des nuances sans
altérer le type général... Les nouveaux courants...
sortaient donc d'une source unique. Les archéologues sont d'accord à cet égard. Il est également
démontré que le point de départ de cette civilisation doit être cherché..... du côté du Caucase
ou de la Méditerranée (2). »

(1) A. Bertrand, ouvrage cité, p. 71, 72, 73.
(2) *Ibid.*, Préface, page XVII, et p. 189.

Comment d'ailleurs pourrait-on expliquer l'apparition du bronze avant celle du cuivre et de l'étain, si l'emploi des ustensiles en bronze était dû au progrès naturel de l'humanité? Le bronze est un alliage de cuivre et d'étain. Ces deux métaux ne se trouvant pas associés dans le sein de la terre, on n'a pu obtenir le bronze que par leur alliage artificiel; ce qui suppose qu'on les connaissait déjà. On devait donc employer ceux-ci avant de fabriquer le bronze, et, par conséquent, on devrait trouver dans les stations préhistoriques l'âge du cuivre et de l'étain intercallé entre l'âge de la pierre et l'âge du bronze; or c'est ce qui n'a pas lieu. Le bronze arrive tout d'un coup, sans s'être fait annoncer d'avance par les deux métaux qui entrent dans sa composition.

233. Si de l'Europe nous passons en Asie, nous verrons que les faits ne s'accordent pas mieux avec la loi du progrès des transformistes.

Nous avons déjà parlé des fouilles faites à Hissarlik dans l'ancienne Troade par M. Schliemann; voici ce qu'il dit à ce sujet dans une lettre écrite aux rédacteurs des *Matériaux pour servir à l'histoire naturelle et primitive de l'homme* (1). « Vo-

(1) Année 1874, p. 36.

tre opinion sur un âge de pierre à Troie est contredite par les faits que j'ai mis sous vos yeux.
Les couches de décombres de l'âge de pierre devraient nécessairement se trouver tout en bas, sur
le sol vierge et au-dessous de toutes les autres
couches de ruines. Mais il n'y a rien de cela,
comme j'ai eu l'honneur de vous l'expliquer plus
d'une fois; les signes de la civilisation augmen-
tent dans le site de Troie avec la profondeur, et
justement les plus belles poteries sont entre 10
et 15 mètres au-dessous de la surface du sol;...
Ces terres cuites, tant par leurs qualités que par
leurs ornements, dépassent de beaucoup tout ce
qu'on trouve dans les couches de débris des nations suivantes... J'y ai trouvé une cinquantaine
de broches d'habits, un couteau de bronze ou de
cuivre doré, une très belle broche de cheveux en
argent et bien une trentaine de beaux ciseaux,
haches et autres instruments en pierre. Je vous
jure que les décombres de cette couche énorme,
de 4 à 6 mètres d'épaisseur, ne sont pas le moins
du monde entremêlés avec ceux des véritables
Troyens, entre 10 et 7 mètres sous terre, car je
n'ai jamais trouvé dans ces couches la moindre
trace de la belle poterie des premiers habitants,
ni ai-je trouvé chez ceux-ci la moindre trace de
terre cuite troyenne. J'ai trouvé chez les Troyens

au moins *vingt fois plus* d'instruments en pierre, surtout en diorite, que chez la première nation, et peut-être aussi au moins vingt fois plus de terre cuite, mais tout à fait d'un autre genre... Entre 7 et 4 mètres, vous voyez un peuple tout différent. Je croyais avoir découvert chez cette nation l'âge de la pierre, car j'y trouvais par *milliers* des instruments de pierre ; les ciseaux de diorite seulement sont excellemment travaillés ; tous les autres instruments sont très rudes. Il y a pourtant des instruments en cuivre, mais ils sont rares. De plus toutes les terres cuites montrent une grande infériorité en comparaison de celles des Troyens (1). »

234. Nous trouvons en Égypte des faits du même genre. « L'Égypte *historique*, dit M. Chabas, nous livre... tous les genres de silex éclatés, retravaillés ou non, qui se rencontrent en France et ailleurs dans les stations dites de l'âge de la pierre : hachettes, conteaux, perçoirs, percuteurs,

(1) On a contesté que la localité où ces fouilles ont été faites, fut véritablement l'emplacement de l'ancienne Troie ; mais la découverte n'en conserve pas moins pour nous sa valeur, puisqu'elle nous montre l'âge de la pierre taillée succédant à l'âge des métaux.

grattoirs, flèches, etc. Ces instruments, ainsi que
l'a constaté M. Mariette, *sont encore plus abon-*
dants à l'époque des Lagides et des Romains, au
moins en ce qui concerne les tombeaux, qu'*aux*
anciennes époques; seulement le travail du silex
est de moins en moins soigné. Ce sont les instruments les plus parfaits qui sont les plus anciens,
tandis que les explorateurs des stations de l'âge
de pierre acceptent généralement la grossièreté du
travail comme un caractère d'antiquité (1). »

235. De tous ces faits constatés en Europe,
en Asie et en Afrique nous pouvons conclure que
la loi du progrès continu et nécessaire, mise en
avant par les transformistes, n'est rien moins
que certaine; les découvertes archéologiques,
bien loin de s'accorder avec elle, lui donnent un
formel démenti. C'est encore une hypothèse imaginée et habilement exploitée par ceux qui veulent à tout prix nous faire descendre de la brute.
Le progrès n'est point une loi à la manière des
lois physiques; c'est un pouvoir donné à l'homme,
pouvoir lié à sa moralité, à certaines conditions
de milieu, à un ensemble de circonstances qui en

______

(1) Chabas, *Études sur l'antiquité historique,* p. 336.

rendent l'exercice plus ou moins facile et plus ou moins efficace. De là vient que les sociétés, comme les individus, suivant leurs mœurs, suivant les circonstances providentielles au milieu desquelles elles se trouvent, peuvent progresser, peuvent rester stationnaires, ou même tomber en décadence.

236. Il nous reste un mot à dire de la lenteur avec laquelle on prétend que l'humanité a progressé.

Progrès lent. — C'est une nécessité pour les transformistes qui veulent voir dans la sélection naturelle la cause de l'évolution des êtres, d'admettre que cette évolution s'accomplit avec une extrême lenteur ; aussi attribuent-ils aux temps qu'ils appellent préhistoriques une durée démesurément longue. Il ne nous importe pas ici de les combattre sous ce rapport : puisque nous avons montré que leur loi du progrès est une chimère, nous n'avons pas à nous occuper de la durée de son action ; cela d'ailleurs nous entraînerait trop loin. Nous nous proposons de prouver dans un autre ouvrage que les préhistoriens exagèrent singulièrement et accumulent les siècles à plaisir, quand ils parlent de l'antiquité de l'homme.

Ainsi donc, en somme, le progrès n'a pas eu lieu pendant les temps préhistoriques, du moins comme l'entendent les transformistes, et l'affirmation contenue dans la majeure de l'argument se trouve réfutée. Venons-en à la mineure.

237. *Mineure* (1). — *Ce progrès lent ne peut s'expliquer que par l'évolution.*

Quand bien même on nous aurait montré l'homme, progressant lentement et d'une manière continue depuis son apparition sur la terre, s'ensuivrait-il que ce progrès aurait été déterminé par la loi de l'évolution? Nous avons montré précédemment que le progrès était l'attribut exclusif de l'humanité ; par conséquent ce progrès, bien loin de prouver que l'homme n'est qu'un singe perfectionné, nous montrerait au contraire l'homme, dès le commencement, déjà distinct de la brute et jouissant de ses facultés intellectuelles, sans lesquelles il n'y a pas de progrès possible.

(1) Voir nᵒˢ 223 et 229.

238. Tirons maintenant de toute cette discussion une conclusion générale, c'est que les transformistes, malgré toute la peine qu'ils ont prise, malgré toutes les recherches auxquelles ils se sont livrés, malgré tant de terrains fouillés, tant d'objets accumulés dans leurs collections, n'ont pu trouver le passage tant désiré entre l'homme et la brute. Le précurseur de l'homme a fui devant eux comme un fantôme à mesure qu'ils ont cru l'atteindre.

APPENDICE A LA SECONDE SECTION.

ARGUMENTS PAR LESQUELS M. DE MORTILLET PRÉTEND PROUVER L'EXISTENCE DE L'ANTHROPOPITHÈQUE.

239. Nous pourrions nous en tenir à la conclusion précédente, mais nous croyons utile, avant de clore ce chapitre, de faire une réponse spéciale aux arguments par lesquels M. de Mortillet prétend prouver l'existence de *l'anthropopithèque*.

Il reconnaît, comme nous l'avons dit, qu'on n'a pu trouver ses ossements, mais, d'une part, il affirme qu'on a trouvé des débris de son industrie, et, d'autre part, il s'efforce de prouver par le raisonnement que l'anthropopithèque (1) a dû existé.

Les débris de son industrie seraient pour M. de Mortillet les silex éclatés de Thenay. Ces silex où l'on a voulu voir l'œuvre d'un être intelligent, n'ont été regardés par la plupart des savants, après un sérieux examen, que comme des fragments brisés par l'action d'agents naturels (2). Cela n'empêche pas M. de Mortillet de s'appuyer sur la découverte de ces silex informes pour avancer imperturbablement cette proposition : « *Il est parfaitement établi* que, pendant les temps tertiaires, il a existé des êtres assez intelligents pour tailler la pierre et faire le feu (3). »

240. Ces silex, il ne veut pas qu'ils soient l'œuvre de l'homme, nous en verrons plus loin la raison ; il ne veut pas non plus avec M. Gaudry qu'ils soient l'œuvre d'un singe, le dryopithèque (4), et nous tenons à citer la seconde raison qu'il en donne, non pas que nous prenions parti pour l'opinion de M. Gaudry, mais afin de don-

(1) De ἄνθρωπος, homme, et πίθηκος, singe.
(2) Nous traiterons plus longuement cette question des silex de Thenay quand nous parlerons de l'antiquité de l'homme.
(3) De Mortillet, *Le Préhistorique*, p. 126.
(4) De δρῦς, δρυός, chêne, bois, et πίθηκος.

ner un échantillon de la logique de ce préhistorien. Voici son argument :

« Le second motif, qui a une valeur plus grande encore, c'est que l'outil n'est pas approprié à l'ouvrier. En effet, les silex taillés de Thenay sont *tout petits*. Ils ont donc été faits par et surtout pour un être de *petite taille*, de taille bien inférieure à celle de l'homme. Or le dryopithèque de Fontan avait, d'après M. Gaudry lui-même, la taille de l'homme (1). »

Ainsi, c'est entendu, telle est la dimension de l'outil, telle est la taille de l'ouvrier ; comme si la dimension d'un outil ne dépendait pas surtout de l'usage qu'on en veut faire et comme si un homme de haute stature ne pouvait pas faire de petits outils et s'en servir. A ce compte ceux qui manient l'aiguille doivent être des gens de bien petite taille ; les habitants de Laigle qui fabriquent les épingles, doivent être une race de pygmées. Quand les préhistoriens de l'avenir viendront fouiller sur l'emplacement de leur ville, s'ils viennent à trouver ces témoins de leur industrie, sans avoir la chance de trouver leurs ossements, ils pourront conclure, avec la logique de M. de Mortillet, qu'ils ont découvert

____

(1) *Le Préhistorique*, p. 126.

les traces d'une race d'hommes de la taille d'une
souris.

Quand on raisonne ainsi, on est de force à résoudre le facétieux problème que cite à ce propos
le R. P. Haté : étant données la hauteur du
grand mât et la longueur du navire, on demande
l'âge du capitaine. Ceci suffit pour nous faire voir
que M. de Mortillet sait se contenter de peu et
n'est pas difficile dans le choix de ses preuves,
quand il rejette dédaigneusement les données de
l'histoire pour leur substituer ses systèmes et attribuer à l'homme une antiquité de 230,000 à
240,000 ans.

241. 2° Mais venons-en à la preuve de raison
par laquelle il veut nous démontrer que l'homme
a dû être précédé d'un anthropopithèque. Nous
citons en entier son argumentation, quoiqu'elle
soit un peu longue ; on ne pourra pas supposer
que nous l'ayons tronquée ou affaiblie :

§ I. — Lois de la paléontologie.

« Il est maintenant établi d'une manière certaine que dans les temps tertiaires existaient des
êtres assez intelligents pour faire du feu, tailler
des silex et des quartzites.

« Quels étaient ces êtres?

« C'étaient des hommes, a-t-on répondu tout d'abord. Il n'y a que l'homme suffisamment intelligent pour accomplir des actes pareils.

« Les lois de la paléontologie ne permettent pas d'accepter cette réponse. Ces lois, déduites de l'observation directe, peuvent se résumer ainsi :

« 1° Les animaux varient d'une assise géologique à l'autre, et la faune se renouvelle avec les divers terrains ;

« 2° Les variations sont d'autant plus rapides que les animaux ont une organisation plus complexe, ou, en d'autres termes, l'existence d'une espèce est d'autant plus courte que cette espèce occupe un rang plus élevé dans l'échelle des êtres. Ainsi les mammifères, animaux bien plus compliqués que les mollusques, se modifient plus rapidement et plus complètement d'une assise à l'autre ;

« 3° Les variations ne sont pas radicales ; elles sont partielles et successives : aussi les faunes sont d'autant plus analogues et voisines qu'elles sont plus rapprochées comme époques géologiques, et d'autant plus distinctes et différentes que les assises qui les contiennent sont plus éloignées les unes des autres ;

« 4° Enfin les variations se rapportent toutes à

un plan général, de sorte que tous les animaux trouvent leur place naturelle dans des séries continues et régulières, bien que divergentes, comme s'il y avait filiation entre eux.

« Eh bien! depuis le dépôt des marnes à silex brûlés et taillés de Thenay, depuis l'époque du calcaire de Beauce à laquelle appartiennent ces marnes ; en un mot depuis l'Aquitanien, la faune a en général assez varié pour qu'on établisse six grandes coupes géologiques. Quant à la faune mammalogique, elle a changé au moins quatre fois complètement. Bien plus, les modifications, les variations qui séparent les mammifères actuels de ceux du calcaire de Beauce sont si profondes, si tranchées que les zoologues les considèrent non seulement comme déterminant des espèces distinctes, mais comme caractérisant des genres différents.

« Depuis le tortonien, étage auquel appartiennent les silex taillés du Cantal et une partie de ceux du Portugal, la faune mammalogique a changé entièrement deux fois.

« L'homme seul serait-il resté invariable, lui qui se place à la tête des animaux dont l'organisme est le plus compliqué? Ce serait contraire à toutes les lois énumérées ci-dessus. Et il n'est pas possible de réclamer pour l'homme une exception aux lois générales. Il suffit de jeter un simple coup d'œil sur les populations actuelles des diverses régions du globe, pour reconnaître que l'homme varie tout autant et même plus que les autres animaux. »

§ II. — Anthropopithèque.

« Nous savons aussi, d'une manière positive, que l'homme a varié dans les temps géologiques. En effet, l'homme quaternaire ancien n'était pas le même que l'homme actuel, comme le prouvent les crânes de Néanderthal, d'Eguisheim, de Denise, de Canstadt et la mâchoire de la Naulette. Sa différence au commencement du quaternaire, c'est-à-dire géologiquement tout près de nous, est déjà si grande qu'on a parfois hésité si l'on rapporterait bien à l'homme les débris que je viens de citer. Nous sommes donc forcément conduit à admettre, par une déduction logique tirée de l'observation directe des faits, que les animaux intelligents qui savaient faire du feu et tailler des pierres à l'époque tertiaire, n'étaient pas des hommes dans l'acception géologique et paléontologique du mot, mais des animaux d'un autre genre, des *précurseurs de l'homme* dans l'échelle des êtres, précurseurs auxquels j'ai donné le nom d'anthropopithèques (1). »

242. Nous serions beaucoup trop long, si nous voulions relever et discuter tout ce qu'il y a d'assertions contestables dans cet argument; nous laisserons donc de côté les points secondaires, sur lesquels nous ne voulons pas incidenter, tout en faisant nos réserves, pour nous attacher à ce qui en fait le fond et le principal. Sous ce rapport le raisonnement de M. de Mortillet peut se ramener à ces quatre propositions :

1° Les animaux ont changé d'espèce d'une manière insensible;

2° Or l'homme, ayant dû suivre la même loi de transformation, a dû provenir d'une espèce inférieure par l'effet d'un changement lent et insensible;

3° La distance entre l'homme et le singe est trop grande pour qu'on puisse regarder le passage de l'un à l'autre comme lent et insensible, c'est-à-dire pour qu'on puisse admettre que l'un descend immédiatement de l'autre;

(1) *Le Préhistorique*, pages 102 à 104.

4° Donc il y a entre l'un et l'autre un intermédiaire qui s'appellera anthropopithèque.

De ces quatre propositions il n'y a que la troisième qui soit vraie ; toutes les autres sont fausses.

1° D'abord quelles sont ces lois paléontologiques que l'on pose en principe et d'après lesquelles les animaux ont changé d'espèce d'une manière insensible? Ce n'est autre chose que le système transformiste, dont nous avons démontré la fausseté dans tout cet ouvrage. Ces variations successives, ces séries continues et régulières, nous avons prouvé qu'elles n'existaient pas, que les intermédiaires manquaient, que les espèces étaient fixes et ne se transformaient pas en une espèce nouvelle.

2° M. de Mortillet nous dit que, les animaux ayant changé, l'homme aussi a dû changer. Nous répondrons que l'homme n'a pas plus changé que les animaux, s'il entend, et c'est bien sa pensée, s'il entend par ce changement un changement d'espèce. Il y a eu dans l'humanité des variétés et des races ; mais il n'y a jamais eu et

il n'y a pas encore maintenant plusieurs espèces
d'hommes ; l'homme du passé et l'homme actuel
appartiennent à une seule et même espèce. M. de
Mortillet exprime une opinion contraire à celle
des anthropologistes les plus compétents, lorsqu'il dit que l'homme quaternaire n'était pas le
même que l'homme actuel, et qu'il apporte en
preuve les crânes de Néanderthal, d'Eguisheim,
de Denise, etc. Nous avons vu ce que pensent à
cet égard MM. de Quatrefages, Hamy, Huxley,
Wischow, de Nadaillac et Joly. Tous ces anthropologistes, en exprimant leur opinion, connaissaient aussi bien que M. de Mortillet les crânes
sur lesquels il appuie la sienne.

3° La fausseté des deux premières propositions
entraîne la fausseté de la quatrième qui n'en est
que la conséquence, et nous permet d'affirmer
que l'anthropopithèque est un être chimérique.

243. Après l'argument irréfutable dont nous
venons d'apprécier la valeur, M. de Mortillet nous
donne la conclusion suivante qui ne manque pas
de modestie :

« Ainsi, par le seul raisonnement, solidement

appuyé sur des observations précises, nous sommes arrivés à découvrir d'une manière certaine un être intermédiaire entre les anthropoïdes actuels et l'homme. Cela rappelle Leverrier découvrant, sans instrument, rien que par le calcul, une planète » !...

ÉPILOGUE.

En achevant cet ouvrage nous prions nos lecteurs de vouloir bien parcourir la table détaillée qui le termine et qui en est comme le tableau synoptique. Après avoir vu successivement les arguments que nous avons apportés pour combattre le transformisme, ils les embrasseront ainsi tous à la fois, et ce coup d'œil d'ensemble, nous l'espérons, les affermira dans la conviction que le système transformiste est bien loin de pouvoir expliquer le monde sans l'intervention d'un Dieu créateur. Si quelques faits isolés et présentés sous un faux jour peuvent tout d'abord lui donner quelque vraisemblance, l'illusion se dissipe quand on les examine attentivement et

surtout quand on envisage l'ensemble des preuves
qui s'élèvent contre cette doctrine.

Cette vue d'ensemble serait surtout utile à
ceux dans l'esprit desquels il resterait encore
quelque indécision. Dans un ouvrage comme celui-ci toutes les raisons ne font pas la même
impression ; il en est qui entraînent la conviction
de certains esprits et qui ne paraissent pas aussi
décisives pour d'autres. On est exposé, par une
sorte d'illusion, surtout, si l'on a quelques pré-
ventions, à se heurter contre ces raisons moins
décisives et à faire abstraction des autres ; tandis
qu'on devrait au contraire s'attacher d'abord et
principalement aux raisons les plus fortes et les
plus solides, que les autres ne viennent que corroborer. C'est pour prémunir contre ce danger
que nous conseillons de jeter cette vue rétrospec-
tive et sommaire sur ce qui a fait l'objet de ce
livre, afin de mieux voir combien de raisons solides
et irréfutables condamnent le transformisme.

Cette vue d'ensemble ne sera pas inutile non
plus à ceux qui liront ce livre dans le but de défendre la religion ou de retirer de l'erreur ceux
qui se seraient laissés fasciner par les sophismes
des darwinistes. Ils verront mieux le côté faible de
cette doctrine, retiendront mieux les arguments
qui la combattent et seront plus en état de trouver

la réponse précise aux difficultés qui pourraient leur être présentées.

Et maintenant il ne nous reste plus qu'à prier Dieu de bénir ce travail. Puisse-t-il contribuer en quelque chose à la défense de la religion!

TABLE DES MATIÈRES.

CHAPITRE PRÉLIMINAIRE.

PREMIÈRE PARTIE.

RÉFUTATION DU TRANSFORMISME EN GÉNÉRAL.

CHAPITRE PREMIER.

CHAPITRE II.

CHAPITRE III.

DEUXIÈME PARTIE.

RÉFUTATION DES DIFFÉRENTES BRANCHES DU TRANSFORMISME.

CHAPITRE PREMIER.

25

CHAPITRE II.

CHAPITRE III.

SECTION I.

SECTION II.

FIN DE LA TABLE.

25 octobre 63